光尘
LUXOPUS

如何活出
人生的意义

[丹麦]
斯文·布林克曼
(Svend Brinkmann)
——— 著

么文浩
——— 译

中信出版集团 | 北京

图书在版编目（CIP）数据

生命的立场：如何活出人生的意义 / (丹) 斯文·布林克曼著；么文浩译 . —北京：中信出版社，2022.11
ISBN 978-7-5217-4506-1

Ⅰ . ①生… Ⅱ . ①斯… ②么… Ⅲ . ①人生哲学－通俗读物 Ⅳ . ① B821-49

中国版本图书馆 CIP 数据核字（2022）第 117117 号

© Svend Brinkmann&Gyldendal, 2016, Copenhagen.
Published by agreement with Gyldendal Group Agency.
Simplified Chinese edition copyright 2022 by Beijing Guangchen Culture Communication Co., Ltd
All rights reserved.

本书简体中文版由北京光尘文化传播有限公司与中信出版集团联合出版
本书仅限中国大陆地区发行销售

本作品简体中文专有出版权经由 Chapter Three Culture 独家授权

生命的立场——如何活出人生的意义
著者：[丹麦] 斯文·布林克曼
译者：么文浩
出版发行：中信出版集团股份有限公司
（北京市朝阳区惠新东街甲 4 号富盛大厦 2 座　邮编　100029）
承印者：三河市中晟雅豪印务有限公司

开本：880mm×1230mm　1/32　印张：8.5　字数：124 千字
版次：2022 年 11 月第 1 版　印次：2022 年 11 月第 1 次印刷
京权图字：01-2022-3908　书号：ISBN 978-7-5217-4506-1
定价：49.00 元

版权所有·侵权必究
如有印刷、装订问题，本公司负责调换。
服务热线：400-600-8099
投稿邮箱：author@citicpub.com

道德首先被要求的是支配自己。

———— 康德

目录

推荐序　一锅北欧风味儿的"反励志"　喻颖正 / 5

前言　有意义的生命　　/ 13

第一章
善　/ 001

幸福和美德　　/ 010
现代主观主义　　/ 016

第二章
尊严　/ 025

价值还是尊严？　/ 032
今天的尊严　　/ 040

第三章
承诺　/ 045

承诺的意义　　/ 049

承诺和负罪感　/052
工具化的承诺？　/057

第四章

自我　/061

关系是被建构的　/068
道德的自我　/073

第五章

真　/079

不确定的世界中的真　/085
真理的尊严　/090

第六章

责任　/093

要求出自哪里？　/099
手的伦理　/105

第七章

爱 / 111

善的至高无上 / 116
自我之外的他者 / 120
自我的爱 / 124

第八章

宽恕 / 131

爱与不可宽恕 / 137
宽恕与非对称的伦理 / 146

第九章

自由 / 149

一个悲剧的存在主义者 / 155
两种自由概念 / 162
论自由的工具化 / 165

第十章
死亡 　/ 169

哲学研究与死亡　　/ 174
塔中的哲学家　　/ 177
人都会死，那又怎样？　　/ 181

结语　/ 187
致谢　/ 209
注释　/ 211

推荐序　一锅北欧风味儿的"反励志"

喻颖正　公众号"孤独大脑"作者、未来春藤创始人

一

地球上最聪明的人，内心其实也很脆弱吗？

当"幸福课"和"人生设计课"分别成为哈佛大学和斯坦福大学最受欢迎的两门课程，人们似乎没有表现出应有的意外：

为什么这些堪称最幸福一代的年轻人，居然一本正经地在课堂上学习如何获得幸福？
为什么硅谷那些正在改变世界的家伙，却需要别人来指导他们如何设计自己的人生？

显然,"自我发展"已是一门被广为接受的"显学","幸福产业"也被看上去幸福或不幸福人群普遍接受。

"成功人士"不仅过着耀眼夺目的生活,而且更自制、更懂得心理建设,甚至更加积极地终身学习;"名媛"们不仅学历高长得美嫁得好,还比普通人更一丝不苟,更注重内心,更善良美好。

于是,普通人原本就有的自我愧疚,再次被逼到了一个角落——

"大多数人根本没有发展到拼智商的程度,甚至连基本的积极性和行动力都远远不够。"

接下来,一个庞大的产业群应运而生。人们被告知,其实每个人都可以实现自己的梦想,只要你追随自己的内心,积极向上,足够努力,一切皆有可能,每件事都能转化为幸福。

励志类书籍成为图书领域最大的品类之一，各种自我发展的课程和培训班络绎不绝，人们将自我疗愈、沟通表达、认知拓展等方面的花销视为回报率最高的人生投资，并坚信付出就有回报，积极必有奖励。

这时候，有一个叫斯文·布林克曼的丹麦人站了出来，他左手擎着一根长矛，刺向"励志邪说"和"积极的暴政"，右手则举着一个盾牌，上面镌刻着"北欧幸福哲学"与"斯多葛主义"。

二

"清醒"哲学系列——《清醒》《生命的立场》《自在人生》三本书读起来很过瘾，作者温和而犀利，毫不留情地揭穿了"认知工具化"的谎言，并试图将现代人从"没有尽头的幸福跑步机"上拯救下来。

没错，"成功人士"和"幸福产业"合谋，制造了这样一种错觉：你过得不够好，是因为你不仅先天不够聪明，而且后天还不够积极努力。他们掩藏了自己的"运气",设计了自己的"奇迹",将自己中彩票式的幸运包装为可以复制的成功,他们甚至忘记了《了不起的盖茨比》里的忠告:

"你就记住,这个世界上所有的人,并不是个个都有过你拥有的那些优越条件。"

我在翻看斯文·布林克曼的这三本书时,看到作者尖刻而有趣地对"过度励志"的解构,甚至对"内省"和"发现自我"提出怀疑,不禁会有"我早就受够这些胡说八道的鸡汤了"的感慨。

作者的学术背景令这套书既有吐槽的快乐,又有洞察的深度。他并非只破坏不建设,而是试图求索幸福与成功的源头,并且给出自己的一套体系。他调侃自己的书也会被放上励志类书架,所以也在书中条理分明地列出"怎么做"的步骤。

没错，这是一系列值得推荐的"反励志"的励志书，一种反传统的成功学，一个与数字化时代"流动的现代性"逆向求解的幸福主义。

三

工具并非不好，只是我们很难找出一个简单的锤子来代替自己那个肉乎乎的大脑。就像赚快钱没什么不好，只是快钱很难赚到而已。

路德维希·伯尔纳说过："摆脱一次幻觉比发现一个真理更能使人明智。"就这一点而言，"清醒"哲学系列这三本书做得非常好。

在这个实用主义的年代，人们追求工具化、目的化、即时化，试图以此获得某种虚妄的确定感。然而，恰恰因为"只计利害，不问是非"，导致碎片化、即时满足和只顾表象。

哪怕只讲世俗的"成功",一个人的发财和成名也大多是价值与运气杂交的结果。就价值而言,需要播种、生根、耕耘,以及漫长的守候。

作者没有只停留在这个层面,而是更深一步,和亚里士多德一起去探寻幸福的本质。没错,即使是用纯粹数字化的 AI(人工智能)决策来看,也需要一个估值函数来计算概率优势。定义幸福的本质能够帮助人们建立一个评价系统,由此可以更有全局观,在某种意义上也更容易"成功"。

也许,这才是幸福和成功的第一性原理吧。

四

我必须承认,这套书对我自己很有帮助。

和每个身处当下这个不确定世界的人一样,我也对现实充满了困惑。我刚刚离开家,经历漫长的跨洋飞行,为自己的二次创业而奔波。很巧，有个叫 Dan 的丹麦人，正在为我在温哥华的房子设计后院的树屋和连廊。可我却要离开长满鲜花、结满山楂果的花园，去应对一系列悬而未决的挑战。不管我多么积极向上，也会在深夜里问自己："这是为什么呢？"

作者引用克尔恺郭尔的哲学解答了我的难题：所谓心灵的纯粹，是为了"善"本身而求善向善，此外的不确定性，又或是投入与产出之间的不对称性，其实并不重要。

在克尔恺郭尔看来，爱是一种能力，付出就是拥有，付出之后，被爱的对象是否再爱回来已经不重要了。

有句话说，"我消灭你，与你无关"，也许应该换成"我爱你，与你无关"。

我喜欢书中老太太和玫瑰花的故事，因为我也种了许多玫瑰。你对花的专注和情感将与其合二为一，意义只能是过程，而非掌控或者占有。

进而，我突然意识到，假如我们的命运像扔骰子，结果只能呈现出其中的一面。可是，如果将这个过程视为可逆的，也就是说，假如我们的专注能够实现与时间的合二为一，那么我们命运的所谓"单一现实结果"，会逆向绽放为有许多种可能性的烟花。

克尔恺郭尔曾经说过：不懂得绝望的人不会有希望。

我相信，这套书里有你想要的希望。

前言　有意义的生命

2014年,伍迪·艾伦在他的电影《魔力月光》(*Magic in the Moonlight*)的一场新闻发布会上,用他那一贯简洁有力的方式,讲述了他眼中生命的意义:

> 我坚定地认为,生命是无意义的。这么说不是批判,也不是说人应该选择自杀。事实是,每过一百年,就会有一次"大清洗",世界上的所有人都会消失。然后,又出现新的一批人。接着,这批人又会被"大清洗",然后又有一批新人顶上。这个过程会一直不间断地进行下去。这么说可能听起来有点令人沮丧,但这个过程确实不存在一个特定的终点,也不存在一个特定的节奏或原因。还有这个宇宙,最顶尖的物理学家告诉我们,宇宙处在不停瓦解的

过程中，最终一切都将消失，彻底消失。莎士比亚、贝多芬、达·芬奇，他们所有的伟大作品，所有这些，都会消失。走到现在，这个过程不会持续很久了，其实会比你想象的还要短，真的，因为早在宇宙消失前，太阳就会燃尽。[1]

接着这段话，艾伦继续讲道，他对于拍政治电影没有任何兴趣，因为"尽管这样的电影对当下有重要意义，但在更宏大的背景下，只有人生的大问题才是重要的，而这些大问题的答案都是相当相当令人沮丧的。所以我推崇的，也是我想到的解决方法，就是转移注意力"。

这次发布会充满了一种特殊的气氛，既庄重又风趣，很符合大家所知的艾伦的风格，艾伦说的其实就是他的心里话，这一点几乎不用怀疑。这样一位杰出的电影制作人在建议人们转移注意力的时候——比如去电影院看电影——眼里还闪过一丝不易察觉的光，转移注意力就是解决生命无意义这个让人郁闷的问题的一种办法。但问题是，艾伦说的真的对吗？为了证明生命是无意义的这个观点，艾伦引用了物理学知识做支撑。物理学算得上是最客观的学科，且与人们的日常关注点距离甚远。艾伦谈到了作为恒星的太阳会燃尽，也谈到了整个宇宙的诞生和最终的毁灭。如果我们让自己完全脱离喧嚣的尘世生活，选择用宇宙视角来看待我们的生命，那么毫无疑问，我们在生命里根本找不到任何意义。一切都成了运动的物理物质，这听起来多少有些让人沮丧。著名心理学家威廉·詹姆斯（1842—1910）因将心理学引入美国而广受赞誉（他也是著名小说家亨利·詹姆斯的哥哥）。威廉认为他年轻时所患的抑郁症，就是由学理科导致的，而理科教给他的就是，宇宙没有意义，人类没有自由意志。威廉解决这一问题的办法是，选择相信自由意志的存在，因而相信个体有能力给自己的生命注入意义。他在1870年4月30日的日记中写道："我的自由意志的第一个行动就是相信自由意志的存在。"威廉深信，这就是他走出抑郁症的解药。

但并不是每个人都有这般强大的内心。大多数人听到艾伦的话都会不寒而栗。我们也许没有能力仅凭自己的意志想这么做，就对自身和生命赋予价值和自由。相反，我们可能会质疑，像艾伦那样在一个如此远离尘世生活的层面探寻意义的存在，是否真的合理。如果我们不是"走出"生命，从一个遥远的天文距离来看待生命，而是选择"走入"生命，从生命的内部来看待生命，又会是怎样呢？答案就是，如果我们这么做，那么生命的意义就不像艾伦说的那样不存在了。比如，我们会发现，艾伦自己说的话是有意义的（无论我们是否认同他说的内容）。我希望作为读者的你也会觉得这本书很有意义。也许，意义就是一种只能从内部理解的现象，不能从外部（比如从物理学家的视角）来理解。毕竟，众所周知，要理解一首诗的意义，不能靠称量一本诗集的重量或者分析印书油墨的化学成分来实现。

所以，要发现意义，我们就必须深入钻研生命，而不是只从外部观察它。那么，我们又会发现什么呢？我可以很肯定地回答，很遗憾，我们会发现，很多人很难定义意义的本质。当下，这样的问题似乎层出不穷，可要在当前背景下回答这个问题，可以说是难上加难。在物质层面，我们也许比以前更加富裕（我们更长寿，也能更有效地医治疾病了），但在精神层面，也许有许多人仍觉得生命缺乏意义。我们听到越来越多的人提出这样的疑问，还看到越来越多的书讨论这一话题，这可不是什么健康的信号。其实，关于生命意义的问题本身反映出了人的一种缺失感、渴求感。每当我们感觉生命缺乏意义的时候，就会提出这一问题。每当我们的生命被忙碌挤满（忙于家人、朋友、同事的事，还有工作和闲暇时的各种活动），这个世界似乎就充满了意义和价值。我们很少停下来问自己，为我们的孩子做饭是不是"有意义"的，因为做饭这件事，毫无疑问，就是我们生命内在的一部分。但是，每当正常的生活轨迹遭到破坏，比如我们所爱之人病倒或离世，或者我们因企业重组和裁员而工作不顺，我们就不由得思考生命的意义究竟是什么。为什么会发生这些事？我们为什么做那些事？我们所做的事究竟有没有意义呢？

意义与工具化

和宗教极端思想的拥护者不同,大多数人觉得要给生命的意义下一个确切的定义是不可能的。本书也不会给你一个确定的答案。本书能给你的是一个方向性的建议,沿着这一方向,你会以一种更有成效的方式来解决这个问题。一言以蔽之,本书的核心观点是,意义源于以其本身为目的而存在的现象,源于我们以行动本身(而非获得其他好处)为目的而采取的行动。要讨论这些现象,一定要将视角放在生命本身,而不是像伍迪·艾伦说的那样,选择一种物化的、遥远的天文观察视角。

我有意将所有以其本身为目的的现象称为"立场"。在这个不断变化的世界中，这些"立场"需要我们"坚定"持有。不得不说，我们这一思想（即意义与以其本身为目的的现象紧密相连）与一种可以被称为"工具化"的社会进程格格不入。工具化使破解意义的难题变得更加困难，程度胜过其他任何东西。工具化这一概念的意思是，将事物变为工具，即成为实现其他目的的手段，因而其本身就不再是目的。我越来越感觉到，我们做的绝大多数事都已经成了实现某一目的的手段，不再有内在价值。也许，"钱"就是最明显的工具化现象。钱被用来买食物、买房子、买车票、买衣服、买休闲等，渗透在现代生活的方方面面，但是钱本身并无价值。就其本身而言，钱只是纸和金属，或者是存储在银行电脑里的信息。作为一种工具，钱是通行的交换手段，因而原则上，可以用钱来衡量一切价值，可用钱与其他一切做比较。这种以钱为基础的经济的出现，几乎就像被施了魔法一样。突然之间，我们可以按照同一套标准来衡量一切。比如，今天我们可以把（和心理专家、心理咨询师或会计师的）一小时谈话"等同为"一份切好的肉馅，或者歌手克里夫·理查德的老歌合辑。钱还可以被用来平衡实物和服务之间的质性差异，并将所有的差异量化。

当然，工具化本身没有什么错。大多数人应该都会认同，金钱确实是比以物易物更好的经济运转的媒介。事实上，大部分人与一切事物（比如防晒霜）和活动（比如除雪）之间，都有一种完全合理且有点工具性的关系。我们涂防晒霜，不是因为防晒霜本身是好的，而是为了保护皮肤免受太阳辐射；我们除雪，也不是出于除雪这个目的本身，而是为了扫清路面，防止滑倒，保证冬天车辆行驶安全。工具性的活动和关系是完全合理的，甚至是难免的。一边是一种工具性的对生命的认识，另一边是一种更倾向于以价值观为导向的对生命的认识，而且这两种认识之间的分界线也不总是十分清晰。本书想努力实现的，并不是乌托邦式地扫除工具主义，而是要指出一些问题，这些问题的源头就是，当我们与这个世界、其他人或者我们自己相联系时，工具主义成了我们思想首选的"停靠港"，甚至是唯一"停靠港"。我认为，这正是当下人们的实际情况。再以金钱为例，我们可以明显地看到，钱在现代生活中无孔不入，制约着生活的方方面面，以至于我们很容易就忘记，钱实际上只是一种手段，其本身不是目的。有一些已经很有钱的人，什么都不缺，但还是愿意工作到快累倒（甚至更糟）以积聚更多的财富。从这样的事实中，我们可以清楚地看到，这些人已经将手段当成了目的。这些人为了钱这么拼，就好像钱有内在价值似的，但其实并非如此。那么，什么才是有内在价值的呢？什么东西才是以其本身为目的的呢？本书假定，如果我们回答了这个问题（不一定非要给出一个一劳永逸的答案，但至少作为一种开放式的存在主义探讨），那就会更进一步地理解，是什么赋予了生命以意义。

我听过一种对艺术的定义（当然，这几乎和定义生命的意义一样困难）：艺术的存在就是为了提醒我们，某些事物的存在正是以其本身为目的。之所以说这是艺术对我们的提醒，是因为我们无法将艺术的目的降格为其本身之外的其他任何东西，同时还不消除艺术本身的艺术性。也许有人会说，艺术的存在就是为人们提供积极美好的体验。按照这一说法,艺术就仅仅成了一种向人们输送纯粹的美好体验的机器——当然,并不是所有的艺术都是美丽的或怡人的。也许还有人会说,艺术具有政治目的。按照这一说法,艺术就成了政治宣传手段——当然,并不是所有的艺术都是政治性的。艺术当然可以既是美丽的,又有政治性,但这些都不是艺术本身的目的,最多只能算作艺术的"副效应",因为在我看来,艺术的唯一目的就是成为艺术。

艺术绝非唯一具有"自我表达"特点(以本身为目的)的东西,具有同样特点的还有伦理、玩和爱。所有的一切(包括上面提到的艺术、伦理、玩、爱),都可以被人们当作工具,去实现其本身之外的其他目的,这一点本书后面会讲到。在某种意义上,这与上面讲的人们将工具(比如金钱)视为目的本身的情况截然相反,但是这两种行为源于人们的同一种困惑,即搞不清楚究竟什么才有内在价值。比如,现代的老板经常会将"玩"工具化,将"玩"变为一种工具,产出创新思想,促进软实力的使用。[2] "玩"这件事,曾经专属于我们的闲暇时光,现在却成了一种管理工具，用来提升公司利润。当然，这样的"玩"究竟还算不算是"玩"，每个人有每个人的看法，因为按照定义，"玩"应该是自由的，不受其他目的驱使。那么，能不能把"玩"工具化，然后还把它叫作"玩"呢？通常，我们不会用玩来挣钱，或者用玩来提升公司的竞争力——我们只会为了玩而玩，不然的话，我们压根就不是玩，而是工作或者追求利润最大化。利润最大化这件事本身是合理的，但很难认为其本身就是目的。我并不是说，所有的工具化都让人厌恶，或都应该受到谴责，我绝没有这个意思。我真正想说的是，工具化思维如今已经无孔不入，以至于威胁到了我们其他的思维方式，而这些思维方式，对帮助我们活出有意义的生命来说，具有更加根本性的作用。工具化实在太容易掩盖那些真正有意义的东西。

有用之物

工具化是功利主义的衍生物。在当代社会,我们偏向于利用能够得到最大回报的手段或工具,即选择最有用的东西。这种思维深深地植根于我们的文化,以至于我们经常忽略了其中的隐患。大多数国家的政府官员,一直都在追求把"花小钱办大事"这句话发挥到极致,即希望从投进去的钱中获得最大的收益,而不管这笔钱花在卫生、环保,还是教育上。就拿教育来举例。在"花小钱办大事"这种思维的影响下,常常会看到,幼儿园和中小学选择的教育方式,都是基于对各种科研成果的综合分析已经被证明能提供最大量化性回报的方式。在这样的决策下，延续了几十年（甚至几百年）的养儿、育儿传统的价值被最小化。中小学教师或幼儿园老师的角色急剧变化，从一个执行专业判断的"专业人"，变成了一个传递科研人员和政府官员意愿的"中转人"。这种方式也忽略了教育环境的重要性（包括国家、地区、城镇、学年的重要性），反倒选择了一种笼统的认识，认为"管用就行"。事实上，这些办法也不是真的"管用"，因为传统、人、环境这三个要素在各类教育中扮演的角色都太过重要了。所以，真正的问题在于，我们让自己相信那些办法"管用"。这种思维带来的后果就是，我们开始追求将那些本身有价值的东西（即教育的内容，以及教育领域植根所必需的历史和文化环境）贬低为一种工具，一种为了能在全国统一考试和 PISA（国际学生评估项目）评估中取得良好成绩而量身定做的工具。出于竞争目的在考试中取得好成绩，已经成了学生学习的目标本身，哪怕这些成绩最多只是一种评估政绩的工具，从来都不是目的本身。如果在 PISA 评估中取得了一个靠前的排名（顺便说一句，关于这项评估本身的统计学价值存在很大的争议[3]），靠的是专门接受该项考试的培训，而不是自主学习，这样得来的高排名，又有何意义？这种做法将工具手段（考试和排名）变成了目的本身，而真正的目的（学术知识和民主思维）却被丢在一旁。将工具当作目的，这是现代社会最具危害性的趋势之一。在这一观念下，未成年人教育的价值遭到贬低，改为大量炮制会考试的学生，以及将学生训练成为"竞争性国家体制中的士兵"（一位政治学家如是说[4]）。换言之，在我们这个时代，就连未成年人教育都受制于工具化。现在的未成年人教育已经成了一种工具，只为了培养有效且有竞争力的劳动力，以确保国家可以应对全球经济竞争。

工具化的心理学与无用的哲学

当下,人文学科的实用价值是一个热门话题。在一个工具化和功利主义的时代,人文学科面临着各种各样的挑战。有人会问,学习历史、研究戏剧或者学习法语,能为GDP(国内生产总值)和国家竞争力带来多大程度的提升?学这些有什么用?本书的基本观点之一,就是一个悖论:许多学科,包括人文学科在内,正是因为无用而有用。换言之,告诉人们生命里除了"有用之物"还有更多东西,变得比以往任何时候都重要。因此,接受这种看法,在一个更深层次以及更加存在主义的层次上是有用的。从这一意义上说，艺术、玩、爱、伦理，它们无用的时候，就是最有用的时候。所谓的无用，就是指它们不为任何其他目的服务，它们就是目的本身。按照这一思路继续推导，我们就会明白，正是这些貌似无用的现象，赋予了生命内容和意义。正是因为人文学科对应的就是类似于艺术、伦理这样的现象，所以人文学科是十分重要的。

我的专业是心理学。这个学科特别有意思，因为它一只脚在人文学科，另一只脚在自然科学。心理学的一种研究方向将人视为会自由行动也会遭受痛苦的生物，认为人生活在一个由象征和符号构成的具有文化性和历史性的世界中，而另一种研究方向将人视为纯粹的生理性实体，认为人是由中枢神经系统、基因、激素构造而成，并按照因果逻辑运转。从我个人的视角来看，这两种研究方向都很棒，也很合理，但是因为本书关注的主题是意义，所以第一种方向研究的现象对本书而言更为重要。

本书重点探讨的是哲学，而不是心理学，这是因为自心理学在19世纪末成为一门科学后，它或多或少地推进了社会工具化的进程。虽然这么说可能有点脑洞大开，但其实心理学就是这场工具化进程的工具。工具化能站稳脚跟，凭借的最重要的工具之一，就是心理学。为什么这么说呢？心理学凭借自身一种现代的文化身份，为个体提供了一系列的工具，旨在让个体能够"雕琢自己"。[5] 心理学提供的只有工具，没有目的——或者说，至少没有出自个人主观自我的目的（或国家"技能提升"目标）之外的目的。

心理学的工具涵盖很广，属于"软性"人文学科这一范畴的有心理治疗、心理辅导、肯定式探询、积极思考、正念、非暴力沟通；而属于"硬性"自然科学这一范畴的有智力测试和人格测试。这些工具中有很多都已经融入我们的自我认识和制度，而深陷其中的我们也已经将这些工具扭曲为目的本身。例如，我们现在会认为，"真我本色"（做自己），即按照"直觉"行动或在一次心理测试中取得一定分数，是有内在价值的。但是，我们很容易就可以证明，这些现象本身并没有内在价值。想象一下,你寻找"真我本色",结果却发现,事实上你是一个残忍无情的魔鬼,这时,成为"别人"难道不好吗?哪怕这意味着这样的你没那么"真我"。我在《清醒》一书中提出,做一个善(道德的)人,要比做你自己更好。这也是因为"善"作为一种伦理价值,其本身就是目的,而做你的"真我",最好的情况下,也只能成为一种工具或手段,来帮你实现做一个善人的目的(而在最坏的情况下,会成为实现这一目的的阻碍)。当然,如果既能做善人又能做自己,那就再好不过了。但是假如一定要抉择,你应该选择求善,因为这是两种选择中唯一有内在价值的。

简单来说,我对心理学的批评就是,尽管在帮助个人发展以及"做自己"方面,凭借多种多样的心理学手段(工具),心理学做得的确很不错,但是在塑造伦理和社会教养(目的)方面,心理学做得确实不怎么样。[6] 20世纪末出版了一本书,书名是《心理治疗已百年,世界却越来越糟》(*We've Had a Hundred Years of Psychotherapy and the World's Getting Worse*)。[7] 在将个人发展、学习、自我实现工具化方面，可以说，心理学实在是"用过了头"，同时完全忽略了"无用之物"，即不为其他实用目的服务，本身即为目的。就其本身而言，心理学，或者说至少是心理学中的一部分，不仅推动了社会的工具化，还促成了一种以自我为中心的文化，以及（在某些情况下）人彻底的自我迷恋。

因此，本书中我将主要通过各种哲学思想来表达一种非工具化的思维，一种正是因为无用而有用的思维。我希望的是，心理学可以吸收越来越多的哲学思想——这就需要让心理学从哲学中获得启发，就像心理学刚成为一门新学科时所做的那样。如果现代世界中的一切都必须有用才行，那么在帮助我们（重新）发现意义上，只有无用的才是有用的。而且，我找不到其他任何学科、其他任何思考方法会比哲学更"无用"，因而也更"有必要"。也许除了哲学，还有艺术。但是因为我对哲学要比对艺术熟悉得多，所以我还是把重点放在了哲学上。

那么，我眼中的哲学又是什么呢？想要找到从哲学中分化出心理学（或者从心理学中分化出哲学）的点，实在是不容易。从某种意义上说，所有的科学学科（包括心理学）都源于哲学。同时，定义哲学本身就是一大哲学难题。本书想做的是将一些哲学思想汇成一套生活哲学，来指导我们抵抗工具化和功利性思维。其中一部分就涉及反思这样一个问题：哲学究竟是什么？首先，我想从美国著名哲学家斯坦利·卡维尔谈起。他给哲学做了一个简单的定义："哲学就是对成人的教育。"[8] 换言之，其中一种对哲学的理解就是，将哲学视为养育、教育、伦理形成过程的一部分。我们一旦长大，开始反思生命、死亡、爱，还有其他一些事关存在的大命题，哲学就可以为我们的思考提供参照，成为自我教育实践的一部分。这种为思考提供参照的过程，对于抵抗工具化，以及从正确角度理解有意义的生命的内涵，都是一个绝对必要的前提。哲学让我们能够挖得更深，能够打破陈规，能够不断地提出心理学这样的学科存在短板等"令人尴尬"的问题。一个心理学家会这样说："我们可以用问卷来测量幸福，而且通过这种方式，我们可以提升人的福祉，并让人们产出更多！"而一个哲学家会这样问："那真的就是幸福吗？那真的有意义吗？"哲学家会做的，就是不断深挖，问一些切实的、批判性的问题。

哲学可以为我们的思考提供一种参照背景，在我看来，哲学要发挥这样的作用，还需要有一个务实的目的。根据哲学史学家皮埃尔·阿多的说法，哲学反思的目的就是让人能够活出"哲学性的生命"。[9]在现代大学的学科体系中，哲学是一门分析性的学科，但是在古希腊，哲学就是一种生活方式。也许最明显的例子就是伦理学（帮助人活得更好）和政治学（建立一个好的社会），而逻辑学在当时也被视为一种实用工具，培养人们学会更清晰地思考。物理学（当时是哲学的一个子学科）在当时被视为一种冥想活动，研究的是人类在宇宙中的位置。本书会重新将哲学定义为一种生活方式，旨在帮助我们反思，一个有意义的生命的内涵是什么。哲学各类古典流派（柏拉图主义、伊壁鸠鲁主义、斯多葛主义、犬儒主义）的最初目标，都是"教化"（即对理想公民的养育、教育、伦理形成），换言之，即帮助我们活出人性。这一目标有内在价值，因为其本身并不是实现其他目标的工具或手段。教化本身就是目的。

在柏拉图和他的追随者眼中,哲学(philosophy,字面意思为"爱智慧")源于好奇。比如,我们会好奇,为什么有物存在,而不是一切皆空?为什么上帝全善全能,这世上却还有邪恶?善的内涵是什么?我们问这些问题的时候,就开始了哲学思考。孩子们其实也会提出这样的问题。这就与卡维尔所说的"哲学就是对成人的教育"相矛盾。此外,要进行哲学思考,也许真的只有成年的智者才能做到,因为这个过程需要分析概念、理清问题,并准确回答。柏拉图的出发点(即哲学源于好奇)并没有错,但是我个人认为,当代哲学家西蒙·克里奇利所说的哲学起源也一样有道理。克里奇利认为,哲学源于失望。[10]一方面,这种失望源于正义的缺失。克里奇利说,我们生活在一个"暴力不公的世界",在这个世界里,善很少战胜恶,并且有时还会上演残暴的统治者"从此过上幸福生活"的故事情节。从这种源于正义缺失的失望中,诞生了政治哲学,以及人们想要努力建设一个更好社会的欲望。另一方面,克里奇利认为,哲学还源于对上帝缺席的失望。这与伍迪·艾伦的出发点——宇宙中没有意义存在的保障——不谋而合。所有的一切，也许都只是宇宙中的巧合，或者是一种自然的盲目性力量的表现。

19世纪末的时候，尼采因回答了上帝缺席（因此，还有意义缺席）的问题而名气大增。尼采承认，上帝的缺席可能会直接导致虚无主义——人们不光会对生命的意义提出疑问，还会堂而皇之地断言意义不存在，甚至还会对无意义产生一种崇拜。而与大家普遍认同的情况相反的是，这其实并非尼采自己的态度。相反，尼采的重点全部放在了寻找一种方法来回应虚无主义及其文化影响的威胁。虚无主义者声称，所有的价值观都是无本之木，因而也都只是空中楼阁。而尼采想要做的，正是重新评估价值观（尤其是基督教价值观）的本质，以保护人类免受虚无主义灾难的伤害。

虚无主义的威胁

本书要讲的并不是尼采式的哲学,但本书确实认同尼采对于虚无主义和文化的关切。我们当代社会中的工具化现象实质上就是虚无主义的表现,因为在工具化的背景下,任何东西都不可能成为目的本身。让我来举几个例子吧。比如,无论我们对于现代君主立宪制中的王室抱有怎样的态度,在我看来,其中有一个引人深思的问题,那就是在维护王室的时候,常常会有人说,王室成员的存在,就是为了给国家贡献经济利润。为什么在这个问题上,经济反而成了主要考虑的因素呢?难道所有制度的好坏，都只能基于经济价值来评判吗？本质上，所有功利主义思想最终都是虚无主义，因为在这一思想下，一切都不存在内在价值。很容易就能列举出一些相当荒唐的例子。最近我在一份丹麦周日报纸上读到的一篇文章中写道，把家里的垃圾分类后再回收，可以让我们感到快乐。读后，我们不禁会问，这两件事怎么会有关联？无论能否让我们快乐，这难道不是我们无论如何都应该做的事吗？此外，尽管有钱是一件好事，但是就钱的真正意义而言，钱其实是虚无的，因为钱将东西之间质性的差异扭曲成了量性的差异——在一个由金钱构建的体系中，一切都要按照相同的一套尺度来衡量。

在很多社会中，如果不再有上帝帮我们确保意义的存在，又该怎样克服虚无主义的威胁呢？[11]人们还是会依靠各种神明，但是许多人（包括我自己）都觉得，"神明"这个概念无法为生命的意义这个命题提供一个令人满意的答案。声称意义因神的存在而存在，就是在逃避意义的内涵究竟是什么这个问题。[12]我这么说，绝不是驳斥宗教信仰，而是强调一个事实：依靠神明无法帮我们自动回答关于意义的问题。原则上讲，上帝存在和意义存在之间是没有必然联系的。一些存在主义的神学家会说，上帝可以创造一个无意义的宇宙。有意义无上帝，或者有上帝无意义，都是完全可以想象得出来的。

克里奇利区分了伴随着文化意义缺失而出现的两种形式的虚无主义。其一是一种积极的虚无主义，面对意义的缺失，它呼吁将我们所知的世界毁灭，然后再创造一个新世界。积极的虚无主义是政治性的，现实中持有这种思想的最极端的实例就是一些恐怖组织，更具话题性的是那些打着"基地"组织和"伊斯兰国"旗帜从事恐怖主义活动的人。这些人的暴力逻辑就是，现代资本主义世界是没有意义的，因而必须将其毁灭，再用一个理想的（政治的或宗教的）乌托邦取而代之。其二是一种消极的虚无主义，持有这种思想的人要多得多。为了与空虚和虚无妥协，消极的虚无主义者，正如克里奇利描写的那样，"退身到了一座孤岛"。克里奇利提到，欧化的佛教就是一个消极的虚无主义的例子，在他看来，这种欧化的佛教传统变成了一种强调以自我为中心的自我发展形式。消极的虚无主义者认为，自我之外不存在有意义的东西，所以他们会将注意力放在"内部世界"，放在他们自身心理和自我发展上，遵从"内心感受的正确"。在他们看来，一个东西是"善"的，只是因为他们自己觉得它"善"，而一个东西是"恶"的，只是因为他们自己觉得它"恶"。因此，消极的虚无主义是一种纯粹的主观主义，将这个世界上各种各样的进程和特征都贬低为一种作用于个体身上的心理学效应，一种个体能够掌控的效应——而这样的个体也就和神差不多了。这就是为什么我们前面说到，自我已经篡夺了上帝在宇宙中心的地位。我们错误地相信，意义和个人的幸福体验是等同的。但也有很多人感受到了这种观点的空洞，他们的感觉也许就像作家塞缪尔·贝克特著名的荒诞剧《等待戈多》里爱斯特拉贡的感觉一样。在剧中，爱斯特拉贡问："我们很幸福。（沉默）既然我们很幸福，那我们现在做什么？"弗拉迪米尔答道："等待戈多。"[13] 今天，我们所谓的幸福也许和幸福真正的意义大相径庭，因为幸福常常被心理学细分为"主观幸福感""自我实现"等不同的类别，从而被赋予了主观的含义。而本书的基本思想之一与这一观点正好相反。本书认为,意义不是主观产物,也不由自我"内部"决定,而是源于作为社会一分子的我生命中的现象(立场)。

我们现在已经论证清楚,克服工具化与抵抗虚无主义就像是同一枚硬币的两面。我们前面讲到,本书的出发点是,克服工具化的进程需要一个实用层面,体现在我们的日常生活中,而不只是一种纯粹的理论途径,这样才能以一种非虚无主义的方式将自己与意义联系起来。但是,我们怎样做才能实现这一目标呢?无论是经典的宗教文本,还是现代的心灵鸡汤,都擅长为我们提供一些实用的建议,通常都是一些需要我们谨记和遵照的简洁格言。这些格言从功能上看,用专业术语讲,都是"象征资源",即用来管控我们思想、情感和行动的小小文化碎片。[14]打个比方,每当面对艰难抉择时,一个基督徒也许会问,"如果是耶稣,他会怎么做",这样一来,他就将自己崇拜的基督作为一种象征资源来使用,帮助自己抉择。再比如,我们独自一人走夜路,心里感到害怕的时候,也许会哼一段旋律,这样一来,我们就将这段旋律作为一种象征资源来使用，让自己感到放松。

在《清醒》一书中，我讽刺了那些励志类图书，提出了自己总结的"七步法"，帮助读者避免依赖励志类图书鼓吹的没有限度的自我发展和灵活性。写这本书的时候我发现，直言不讳、简明扼要的写作风格更能让我一吐为快。本书没有采用上部中的"七步法"，而是直接呈现了十点思想，这十点思想来自身处十个不同时代和持有不同"出发点"的哲学家。我希望这十点思想可以成为一种"象征资源"，帮助那些对意义感兴趣的现代人。《清醒》一书表面上是在批评社会，但背后却隐藏着对于意义和生命价值的讨论。《生命的立场》一书则反过来，表面上是讨论意义，而实际上是批评社会（经常表现为对当代工具化的批判性评论的形式）。总的来说，"立场"这一概念指的是实实在在同我们紧密相连并对我们有所启发的地方与思想。在本书中，我本想更直接地写一些我们应该站稳的现实中的具体"地方"，但我要讲的"立场"概念会更加形而上一些，指的是一些精神"绿洲"———些意义会出现的地方。而意义之所以会出现在这里，是因为在这里，现象完全可以用本身的内在价值来表现自己的存在。在现代工具化的英才管理制度下，可能会有人认为这十点思想有些太乌托邦了，但我认为，它们与乌托邦之间形成了鲜明的对比。"乌托邦"希腊语的词源含义为"没有地方"，而这些"立场"（字面意思为"站稳的地方"）却实实在在地存在于我们的生命中。我们只需要常常提醒自己这些立场的存在，并学会将自己与这些立场联系起来，而不是求助于工具化的思维。

本书提出这十点思想，就是为了提醒我们什么才是生命中重要的和有意义的东西。我希望，这些思想可以帮你认识到，确实存在一些本身有价值且参与构成一个有意义的人生的东西。换言之，本书呈现了生命哲学内含的十个要素，涵盖了十个不同的存在主义话题或现象，而通过对这些话题或现象进行反思，现代人类也许可以有效地克服虚无主义和工具化。有些读者可能会批评我存在折中主义的问题（有一定道理），批评我把完全不同的哲学思想整合在一起，而这些哲学思想家的背景大相径庭，但我只从其中截取一二观点，就将他们像马赛克那样拼成了一幅画面。他们会质疑，这有没有可能破坏每个思想家的独立性呢？我承认，的确会有这个风险。但本书面向的并不是那些寻求深入全面分析各个哲学家的思想的读者。作为本书的读者，也请不要认为，这十点思想可以汇成一个整体，对与本书十要素相关的不同思想学派进行某种更高层次的整合。相反，你应该将本书的十章视为一种存在主义灵感的源泉，来反思我们现在这个时代中生命的意义。我还是要补充说明一点，我们常常认为哲学家分属不同的"门派"，但是他们之间常常会有对话的火花。在相当大的程度上，他们讲的都是同样的话题和现象。我认为，这一点正好支撑了本书的根本目的：找到十个基本的哲学主题，帮助我们阐明立场，对抗工具化思维。我相信，这些主题能够让我们勾勒出哲学人类学的大致轮廓——这种哲学人类学将人类描绘成彼此以义务相连的存在，通过彼此相遇而非依靠自己来接受培养和教育。也就是说，这些人形成自我，并不是靠自我的"内向洞察"，而是靠自我的"外向观察"，尤其是本书十章所体现的基本价值观。

本书的结构

本书每章的篇幅都不长,每章涉及一个存在主义的主题。每一章里,我都会解释主题背后的思想,以及这些思想与我们当今潮流的联系。我希望,这十点思想无用,却能有用,也就是说,它们能够传递这样一种理解:有用的很少有意义。我们也许可以这样说,这十点思想表达了基本的存在主义立场,我们可以坚定地站稳这些立场,因为它们有内在价值。这十点思想可以总结为十条格言:

一、善：如果我们做某事的目的是这件事本身，那么它一定是至善的。

——亚里士多德

二、尊严：凡事或有价格，或有尊严。

——康德

三、承诺：人是有权利做出承诺的动物。

——尼采

四、自我：自我是一种与其本身相联系的关系。

——索伦·克尔恺郭尔

五、真：尽管没有真理，但可以做个真诚的人。

——汉娜·阿伦特

六、责任：个人与他人存在关联，必然会将他人生命的一部分握在手中。

——K. E. 勒斯楚普

七、爱：爱是一种极其不易的认识，认识到自我之外的他者是真实的。

——艾丽丝·默多克

八、宽恕：宽恕不可宽恕的，才是宽恕。

——雅克·德里达

九、自由：构成自由的，主要是责任，而不是特权。

——阿尔贝·加缪

十、死亡：谁学会了死亡，谁就学会了不做奴隶。

——蒙田

讲完这十点思想后，我会概述一下这些思想如何教我们活出一个有意义的生命。作为读者，你无法在本书中找到单一的答案来回答一个有意义的生命的内涵是什么。相反，我会探索以不同的方式来回答这一问题，并指出在一个彻底工具化了的时代下构成一个有意义的生命所必需的各种存在主义主题。

这十点思想是从不同的哲学家那里借用过来的，通常被表述成格言——一些相对短的句子，你可以背熟，牢记于心。我认为，这些思想与我们生活的时代尤其相关。旧思想不会因为旧就不好。本书中所呈现的旧思想都被浓缩成了简短的生活格言，这与古典哲学作为一种生活方式的本质是一致的。而将这些思想传递给读者，凭借的是阿多所谓的"条理化"的哲学论述，这样的论述会

"为思考提供一些原则,这些原则紧密相连,而条理化会赋予其更大的说服力与记忆效果",[15] 也就是说,这样一来会更好记。在阿多那本著名的探讨哲学作为一种生活方式的书中,他再度发掘了古典哲学的教化思想,并一再强调我们需要一些格言警句,还简要总结了那些存在主义意义上对人类有价值的智慧。

本书中的十点思想就是这样一套格言体系,旨在帮助读者将格言背后的思想与他们自己的生命联系起来,并最终理解什么才是在存在主义意义上重要的和有意义的。我们的脑海里常常会回荡各种广告短歌、流行歌曲,还有广告词,但是如果你对意义以及作为一种生活方式的哲学感兴趣,也许会发现,将本书的这十点思想(或者你喜欢的其他思想)融入你不断的反思中去是十分有帮助的。你在阅读本书的时候,当然可以按照章节依次读下去,也可以跳着阅读,先读你最感兴趣的章节。每一章都不长,读完一章也无须太久。比起你在阅读这些思想上花的时间,我更希望你花更多的时间来思考这些思想。

读过本书以后，你应该可以回答，在你的生命中，到底什么立场才值得坚定站稳。你就能反驳伍迪·艾伦所说的最终一切都无意义的悲观断言是错误的。艾伦的电影也许为你提供了一种绝佳的转移注意力的方式，但是你也应该明白，还有其他方式可以保护我们，避免走入无意义的深渊——甚至也许你最终会发现，这种转移注意力的欲望本身就是问题的一部分，而不是问题的解决方法。我希望，本书可以在讨论你所希望的社会发展方向时，为你的政治讨论提供有益的论据。虽然对任何一个国家来说，要求该国的政客为他们的公民制定出一种有意义的生命的活法，都超出了他们的职责范围，但我认为，我们自己应该研究一下当前工具化的浪潮是如何威胁到生命的意义和价值的。最重要的是，本书呈现的各种思想都可以被看作实现我所说的自我的"外部观察"的方法。之所以这么说，并不是因为自我的"内向洞察"不重要，而是因为这种"内向洞察"是建立在对自我之外进行观察、对人类立场进行观察的能力之上的。

第一章

善

如果我们做某事的目的是这件事本身，
那么它一定是至善的。

——亚里士多德（公元前 384—前 322）

我特别喜欢在飞机上读航空杂志。飞机上的椅子又窄又小，坐在上面会觉得紧张，又不能上网，这个时候要想转移注意力，那本特意塞在前座椅口袋里的杂志便成了为数不多的选择之一。北欧航空杂志《北欧航客》2015年9月刊整本以"善"为主题，勾起了我的兴趣，燃起了我的哲学好奇心。这本专刊被特别命名为"善（好）刊"，全都是各式各样讨论"善"的文章。其中最具启发性的当属一篇题为"为何为善"[1]的研究性文章。如题所问，这篇文章探讨了这么一个问题：为何我们需要追求道德之善？

数千年来，许多伟大的思想家已经为寻找这一问题的答案费尽心力，这篇文章却没有引用他们的任何观点，反而将当代心理学作为主要的理论依据。针对这一问题，该文章给出了五个答案，每个答案都与"给予他人"这一概念有关，并声称这些答案都有心理学和自然科学（包括脑研究）的相关文献支撑。这篇文章说，我们应该求善的理由共有5个：

1. 给予会让我们自己感到快乐；
2. 当我们给予时，我们自己也有了收获；
3. 给予会唤起感恩之心；
4. 给予对自身健康有益；
5. 给予有"传染性"，即他人也会将这一举动传递下去。

除了最后一点至少还谈到了一些与给予者本人获取的心理利益无关的东西，其他每一条理由都是工具性的，讲的都是通过给予能获得什么好处。此外，这些理由都具有主观色彩和利己主义色彩，因为这些理由的关注点都是，我们自身通过给予能获得什么好处。简言之，给予能让自己获得幸福、健康。这听上去确实不错，但难道这真的是我们追求善的原因吗？作为本书中第一位反对工具主义的大思想家，亚里士多德无疑会给出否定的答案：有些事情，无论我们是否能从中获得好处，都应当去做。亚里士多德告诉我们，并非一切都可以用幸福和健康这两个维度进行量化。如果我们做一些有内在价值的事（例如善待他人），那这件事本身就有某种意义和尊严，而不论这件事会对我们自身的健康、幸福抑或福祉有何影响。在这个工具化的时代，每当我们被要求做一件事，第一反应总是："这件事对我有什么好处？"而不是想这件事是不是真正值得去做。

我认为，值得我们坚定站稳的第一个立场，即真正的"善"，这与《北欧航客》杂志中表达的（以及社会主流的）"善"相比，意思基本上是相反的。"善"是本书的中心论点，也是支撑本书其他立场的基础，因此我认为从这一点谈起很重要。我也能找到很多其他的理由来从亚里士多德谈起，因为柏拉图（公元前427—前347）和亚里士多德都称得上是西方哲学史上最伟大的思想家。虽然我并不会专注于讨论亚里士多德的生平，毕竟本书的主题并非哲学史，但这里还是有必要提上几句。亚里士多德起先在导师柏拉图的雅典学院学习，柏拉图去世后，他成了亚历山大大帝的老师，继而创立了自己的哲学流派。亚里士多德的著作几乎回答了所有科学和哲学问题，却在罗马帝国衰亡后被西方遗忘了数百年，多亏了阿拉伯学者将其著作保存下来，才得以被再次发掘。中世纪时期的学者面对的巨大挑战之一，就是调和亚里士多德科学和哲学与基督教之间的矛盾。

尽管亚里士多德师承柏拉图，但他的思想与柏拉图仍有巨大差别。在柏拉图的对话录中，通过苏格拉底的声音，他表达了这样一种哲学观：设想一个由永恒不衰的理念（即柏拉图所说的"形式"）所构成的理想世界，而我们现实经历的世界仅仅是这个理想世界一种苍白的折射。此外，柏拉图还相信灵魂是不朽的。然而，在亚里士多德看来，身体和灵魂之间不可分离（灵魂是人活着的身体的形式），当身体死去，灵魂也不复存在。亚里士多德建立了一种新的学说：物质实体（实物）包含形式（理念），而形式（理念）表现为物质形态。柏拉图认为形式存在于一个超越物质的永恒王国之中。文艺复兴时期画家拉斐尔在其名作《雅典学院》中，准确地捕捉到了亚里士多德和柏拉图之间的思想差异。《雅典学院》中，古代所有的大哲学家共聚一堂，柏拉图和亚里士多德站在中间。画作中的柏拉图手指向上，指向永恒的理念；而亚里士多德则伸手向下，做出欲触碰现实世界的姿势。我认为，也许亚里士多德的座右铭就是"对现实世界怀抱信仰"。实际上，又过了两千年，这句话的思想才由尼采明确地表达了出来。

柏拉图优美、动人的对话录启发了无数的艺术家和诗人（尽管他本人对于诗歌抱有严重的怀疑态度）；而亚里士多德则启发了科学、逻辑学，以及理性思维。从许多方面来看，可以说，是亚里士多德开启了不同科学学科的创立和分化。他本人是一位善于观察的自然科学家，他将人类视为同天鹅和蜜蜂一样的群居物种，同时又认为人类是具有独特的政治性和理性的动物。所以，人类并非只由其生物本能所控制。人可以通过判断，决定在一个特定情境下做什么才是对的。人的行动并非只是生物性冲动的结果，还有其他一些动因，比如道德因素。然而，人要想能那么做，就必须先学会这么做。换言之，只有当人在一个有组织的政治社会（即"城邦"）中塑造了品性并习得美德之后，才会这么做。古希腊有句俗语："人之性，城邦塑。"也就是说，只有给人提供一个稳定的社会结构来帮助人在其中形成品性，人才能成为真正的人。所以现在的问题就是，具有工具化特征的现代文化能否提供给我们这样一种结构（或"城邦"）。

亚里士多德是如何回应工具化，又如何解答我们关于生命的意义和价值的问题呢？答案就是，亚里士多德要比其他任何哲学家都更加致力于建立一种反工具化的思维方式。即便是今天，这样的思维依然有用。我们甚至可以比较极端地说，亚里士多德对于人的理解是基于一种反工具化主义的。亚里士多德的名作《尼各马可伦理学》开篇写道："人的每种实践与选择都以某种善为目的。"尽管有些行动的目的并非行动本身，但是剩下的行动都以其本身为目的。如果我们行动的目的确实并非都是工具性的（以获取该行动以外的某种东西为目的），那么就一定可以定义那些以本身为目的的行动。这样的行动一定是至善的。亚里士多德在书中写道："医术的目的是健康，造船术的目的是船只，战术的目的是取胜，理财术的目的是财富。"[2]我们也许会由此推导出疑问：健康、胜利、财富是否也是手段，又或者其本身就是目的？

《尼各马可伦理学》最初由亚里士多德的授课手稿整理而成，旨在教化听众成为善民。该书研究了生命之"善"的内涵，即什么是"幸福"，还包括实现幸福所需的美德和品性。亚里士多德提出以下几个问题：我们需要什么样的品性来帮助我们参与到以本身为目的的行动中？这些品性是如何培养的？还有特别重要的一点：这些行动究竟是什么？如果真的像我在本书前言中所强调的那样，即一个有意义的生命的真谛在于做有内在价值的事情，那么亚里士多德的伦理学最终讨论的，正是一个有意义的生命的内涵和实现方法。

幸福和美德

关于什么才是我们要做的以本身为目的的行动,亚里士多德的答案主要指向了我们可以称为"道德行为"的东西。活出一个有意义、盛放的生命,即实现幸福,应当通过行善。善举以行动本身为目的,对于幸福的实现至关重要。让一个行动成为善举的(例如,帮助需要帮助的人),并非是行动者本身因之获取的荣誉、名誉、钱财(尽管这些很有可能会成为该行动的伴随产物),而是这个行动本身是善的。人的美德(包括实践理性、勇气、中庸等)都是我们能够完成善举的因素。因此,亚里士多德所说的"美德"与我们今天所说的一个人"品德高尚"是两个完全不同的概念。单从评价道德的角度来看,亚里士多德的"美德"概念显得尤其古典和保守,其内涵更加接近于我们心理学研究中性格品质和品性的概念。

除了从伦理的角度定义善举,亚里士多德还将"沉思"定义为一种以本身为目的的行动。人是理性动物,所以不难理解,有时我们会运用我们独有的能力来推断和定义我们的生命是否有意义。根据亚里士多德的解释,理性可以是实践的(这时的理性会转化为善举),也可以是理论的(这时的理性体现在对存在和宇宙的问题进行沉思)。沉思听上去很神秘,实则很简单。很多不是科学家的人都很喜欢科学类的电视节目(例如物理、生物等),我就经常和自己的孩子们一起看。大多数情况下,我和孩子们都不太会真的"用到"我们看电视学到的知识,但是能够通过节目了解物种起源和宇宙进化史的复杂性,以及物种的进化史,还有人类与宇宙的关系,这是十分有益和有意义的。我最喜欢读的书里就包括《万物简史》

(*A Short History of Nearly Everything*),作者是著名的纪实作家比尔·布莱森。我喜欢这本书不是因为它写得特别透彻或者深邃。很明显,书名就告诉读者了,这本书将整个大宇宙的历史写进了一小本通俗读物中。我之所以喜欢它,是因为读这本书可以让我领略宇宙的千姿百态,而我们人类恰巧又是这个奇妙万花筒的一部分。亚里士多德也许会说,知识的"无用性"正是其精华所在,因为获取知识本身就是行动的目的,而非旨在实现其他外在目的。观看科普节目或读布莱森的科普书籍,和后来斯多葛派哲学家的修行不谋而合,这些哲学家所追求的就是,承认人只是一个更大整体(宇宙)的一部分。[3]这种证明除了证明本身之外,没有其他外在目的——就像道德行为一样,除了行为本身,没有其他外在目的。这也就是亚里士多德的核心观点之一:所谓善者,唯以内在价值论之。从这个意义出发,善包括了无用,而正因为无用,反而有用。本书余下的九章会依次介绍其他一些无用的现象,并将这些"无用"定义为一个有意义的生命里必不可少的立场。

要深刻理解亚里士多德古典的、听起来十分陌生的关于无用的观点，其中一种方法就是读一读我们之前提到的他那本关于伦理的书。《尼各马可伦理学》一书中还分析了友谊，以及友谊对于生命的意义。亚里士多德区分了三种类型的友谊：

1. 有用的友谊（以实用为目的）；
2. 快乐的友谊；
3. 高尚的友谊（以善为基础）。

典型的以获利为目的的友谊就是我们在领英这样的商务社交网站上和其他联系人的关系，我们和他们建立关系的目的就是职场社交，而这个目的本身就是功利性的。这是一种纯粹的工具性的关系，因为只有当其中有利可图，或者只有互利互惠时，这种关系才有价值。这样的关系没有内在价值，只有功利性价值。快乐的友谊也是类似的道理，只是目的换成了个人对于愉悦和快乐体验的渴求。人会因为对象有趣和令人愉悦而与之友好，但是一旦失去了这一基础，这种关系也将不复存在。按照亚里士多德的观点,以功利和愉悦为目的的关系并非正当的友谊,因为这种关系的本质是工具性的。相比之下,高尚的友谊建立的基础是一方希望另一方好,而不是考虑"这么做对我有什么好处"(例如功利或快乐)。换言之,高尚的或者说真正的友谊本身就是善的。亚里士多德肯定地告诉我们,要拥有很多这样的朋友几乎是不可能的。如果我们在脸书上有500个好友,其中几乎没有人会成为我们真正的朋友。我们很有可能从"有一个朋友"这件事中得到什么(包括功利和快乐),但是并不能将这种关系定义为真正的友谊。我们还会从技工身上获得功利性价值,比如我们自己不会铺砖而找技工铺砖。再比如,我们通过看芭蕾舞演员表演而获得快乐。但是这并不能让技工或者芭蕾舞演员成为我们的朋友。

工具性的价值(功利或快乐),用哲学术语来说,是偶然性的。也就是说,这样的价值,碰到运气好的时候会"有可能"成为友谊(或者很多其他事物)所产生的衍生价值,但是不能用它来定义真正的友谊。而当友谊有内在价值时,这样的友谊才是真正的友谊。这样的友谊,再用另一个哲学术语说，是必然性的。比如，小学生如果每天练习 45 分钟就能学会更好地阅读，这是偶然性的，[4]但是说到物质都在运动，这就是必然性的。人类也许是唯一能够实现真正友谊的物种，这种友谊不以己方获取好处为目的，而单纯只为对方好。许多其他物种都有着复杂的基于统治和养育后代的社会关系，一些读者也许会质疑人追求非工具性友谊的可能性。比如，虚无主义者会说友谊本身是无意义的，但是人依旧可以从中得到好处。然而，亚里士多德坚持认为非工具性的友谊不只是可能的，还是人类的一个决定性特征。没有这样的友谊，人类不过是高级猿人罢了。

现代主观主义

今天的绝大多数人不会认同亚里士多德关于善和生命意义的观点。我们中的许多人会更倾向于虚无主义或者主观主义的立场,从而认为价值、品质、意义这样的议题,哪怕确实存在,最终也都是主观性的。根据这一观点,也不存在一种友爱比另一种更真。他们会说:"如果在我的定义里,友爱是基于功利和快乐的,那么这就是友爱对我的意义!"

对于虚无主义者而言,善和生命意义的内涵,以及与他人之间的一个有意义关系的内涵都是由个人决定的。然而，如果何为善真的只是个人喜好的问题，那么主观主义貌似还站得住脚。例如，谈到基本价值观的根本差异，借用自由派经济学家米尔顿·弗里德曼的名言就是："人到最后也只能吵来吵去。"相反，如果按照亚里士多德的观点，认为有些事情之所以是善的，与个人的主观判断无关，那么主观主义就是错误的。这样的观点让我们可以理性地讨论不同的价值观，而非为之争吵，也无须将我们自己的主观态度强加在他人身上。

按照亚里士多德哲学派的观点，主观主义是错误的，因为一切事物都由其目的所定义。例如，心脏的本质（据我们现在所了解）是肌肉，其目的就是像泵一样将血液输往全身各个部分，为细胞提供氧气和营养物质。心脏功能的本质就不是个人的主观喜好所能决定的问题。以我们今天所掌握的知识来看，理性的人不会说"我不知道心脏是个泵"，这是因为事实明摆在那里。同样，一把刀之所以为刀，是因为它能切割物品；而一座钟之所以为钟，是因为它能告知时间。同样，亚里士多德认为，人是由其目的所定义的。所谓善人，就是实现了其目的，并按照善人的本性，做了应做之事的人。我们知道，对亚里士多德来说，人是有理性的，能够运用实践理性和理论理性，因此能够恰当地行动和思考；而正是因为人有理性，人才得以为人，所以人的目的就是运用这样的能力来行动。现在，我们就可以更好地理解亚里士多德的"美德"概念，即人之所以为人的特征。作为一个人，我们应当理性地思考和行动，这并非因为你会说"我就是这么一个人"，而是因为理性是人内在的一部分。哪怕你会说"我就不是这么一个人"，你也应当学会理性地思考。

前文说到，要想提升理性思考和行动的能力，只有在一个有组织的政治社会（城邦）的框架下才能实现。作为孤立个体的个人是无法实现的——毫无疑问，教育、养育、教化是关键。我们需要学会理性思考。但重点是要理解，构成理性的并非所谓的（个人）"喜好"。例如，如果你说"我就认为逻辑是虚伪的"，这就是不理性的。亚里士多德的"理性"概念的内涵里不光有逻辑，还有特别多其他的内容。在我们的一生中，在各种各样的场合，以各种各样的程度，或多或少都会存在理性的思考、感觉和行动。要确定一件事是不是理性的也许还需要进一步的讨论，但是如果我们认真理解亚里士多德的观点，我们无疑会得出结论：理性是超越主观性的，尤其是，讨论本身也必须包含理性观点的交换，否则就成了诋毁、中伤。个人没有资格定义什么是人应当实现的目的，或者什么是具有内在价值的事物。

今天，许多人坚持认为，伦理、道德、价值观，甚至生命的意义，全都是主观产物。这也许就解释了为什么工具主义在我们当今的文化和社会是如此根深蒂固。因为如果仅由主观喜好来定义意义（最终成了一种虚无主义的产物），那么人就只会创造工具来最大化实现其主观喜好。知识、伦理、友谊、信任、赞赏等也就仅仅为了个人目的而存在，且被赋予了和个人喜好相关的价值，即按照个人喜好与否来定义价值的有无。比如，一个人就会说："知识是善的，前提是我喜欢（或者能用来实现其他目的），否则就不是。"同样，还有人会说："赞赏是善的，前提是它提供了最大的回报（比如，在以'作为管理工具的赞赏'和'欣赏式探询'为主题的文章里，管理者以提高员工工作表现为目的，同员工之间发展积极的关系），否则就不是。"所以，主观主义和工具化是相互联系的，就像一枚硬币的两面。在当今，一种广泛认可的观点就是，我们无法探讨人生的目标究竟是什么（因为这些都是主观性的），我们能做的只有运用更好的手段（包括心理学的技巧）来帮助个人实现他们的目标。在《清醒》一书中，我将培训行业视为这一问题的病征，进行了集中讨论。培训行业中有一句名言："顾客永远是对的。"而那些培训行业的从业者要做的就是帮助顾客完成自我实现，而不对顾客目标的合理性进行任何理性的讨论。如果这真实反映了培训行业的本质，那么它其实就是纯粹的主观主义下的工具化行为。

相反，在认真理解亚里士多德后，我们就会坚持认为，用超越个人主观性（以及"这事对我有什么好处"这个问题）所定义的目标、价值观、意义是确实存在的。对亚里士多德而言，意义的基础是人性本身。一些生活方式要比另外一些更正确，是因为这些生活方式对人性的理解更充分。批判这一观点的人会说，这是典型的自然主义谬误，即从"是"字句（陈述事实）跳跃到了"应"字句（确立规范），逻辑上站不住脚。但是，按照亚里士多德反工具主义的观点，对这些批判声音的回应就是，当提到一种有目的（功能）的事物时（例如，心脏、刀、表、人），是可以把"是"字句转变成"应"字句的，因为每一个"是"的背后都必然存在一个已经内在的"应"。例如，像"他是名教师"或"她是位医生"这样的句子里，我们可以得出结论："他应做教师应做之事""她应做医生应做之事"，正是因为教师或医生的功能是由其目的所决定的。我们只有理解了他们将行动做"好"的时候所做的内容是什么（即当我们清楚他们"应"做什么），才能理解教师或医生究竟"是"什么。同样地，我们只有理解了心脏为了充分完成自身目的"应"做什么时（例如，像泵一样将血液输送到全身），才能理解心脏"是"什么。

亚里士多德坚持认为，"成为一个人"这件事内含了一个目的，即按照理性去活——至少我们可以说，我们一生中的许多角色和岗位都是预先有一系列的"应"字句来定义的。具体的"应"字句的内容可以讨论和完善，但要是说一名教师或一位医生"应"做什么是完全主观性的，这是没道理的。

讲到现在，如果我们可以接受亚里士多德的观点，那么，我们已经做好了充分准备来克服主观主义，当然还有工具化思维。教师和医生（或者其他类似角色）如果被要求做纯工具性的行动，还要继续被定义以及将自我定义为教师和医生，那么这样的要求一定是有限度的。这句话的反面就体现在近年来不同职业的改革和裁员问题上。例如，一位大学老师可能会说："如果这就是你想要的办学方式，那么这里也不再是大学，而是香肠加工厂，你可以量化地计算'产出'，而不用关心科学的内在价值。"再比如，一位中小学教师也许会说："如果这就是你想要的办学方式，那么这里也不再是将孩子培养成为能干和民主的公民的学校，而是一个士兵的训练营，效劳于这个竞争性的国家体制。"又或者说："如果这就是你所谓的'现代通识教育',那么我们学校已经彻底商业化了,我们不再有能力提供通识教育。"这些话表面上听起来像是一种对于变化的保守式反抗,但也可以理解为一种维护事物的唯一性和意义的理性抗争。

所有这些都让亚里士多德关于"无用"的思想成了抵抗工具化思维的第一道强大的防线:所谓的"无用之事",是我们因为这件事本身,而非其他目的所做的事。这是一个我们一定能够且需要坚定站稳的存在主义的立场。我们不应该因为把时间花在这样的无用之事上而产生负罪感。因为在这么一个工具化的时代,正是这样一些事情让一个有意义的生命成为可能。简言之,无用乃至善。我们应该多练习跟自己说这句话,不要只是念经似的过过脑子,而是要时常提醒自己:生命里最重要的内容不由作为主观性个体的自我来定义,也不由社会上的一些宣传工具化思维的机构来定义。[5] 相反,一些事物之所以为善,是因为它们本身就是目的。通过我们的共同努力,我们是可以保护好这些善的东西的,并让何以为善的理念成为一个我们生命中需要站稳的存在主义的总立场。

所谓善者，不由个人从中得到的好处来决定（例如，获得健康或快乐），也不因个人喜好来定义。相反，我认为，人应当因为一件事本身为善而求善，并教育子女做同样的事。这是我们一生都需要站稳的存在主义的总立场。但是到了本书这里，这一理论性的立场似乎还是缺少了一些实质性的内容。那么，究竟什么才是善的，且有内在价值呢？究竟什么样的立场，因为本身是善的，所以值得我们坚定站稳呢？接下来的章节会为这些抽象的问题提供具体的答案。

第二章

尊严

凡事或有价格,或有尊严。

——康德(1724—1804)

1997年好莱坞大片《泰坦尼克号》首映的时候,我也是冲进影院大军中的一员。不管从哪个角度看,这都是一部杰作。一艘巨轮沉没了,爱、恨、命运都随之一起沉入大海。但是有那么一幕在我的记忆里格外清晰。先说明一点,我没有再回看那部电影,心理学研究也证明,人类的记忆严重不可靠(尤其是在讨论这种细节问题的时候),所以很可能我的回忆没那么准确,但是这一点在这里也没那么重要。我要说的那一幕发生在船已经明显开始下沉的时候,乘客们都惊慌失措。有些人开始跳海,还有一些人在逃跑过程中把其他乘客踩在脚下。但同时,有一对老夫妻选择待在船舱的房间里。他们安静、平和地躺在床上,相爱地抱在一起,等待着死亡的来临。面对即将到来的无法避免的灾难,这对夫妻用了一种有点像是斯多葛派的平和心态来应对。我可能把这个场景描绘得有些煽情,但是我隐约记得当时他们的嘴角挂着一抹淡淡的微笑,在那片骚动和慌乱中散发出一种平和的气息。

这对夫妻所展现的也许正是所谓的"尊严"。他们不会因为他们平和且有尊严的行为而"获得什么好处"。他们的反应没有工具性价值,却闪耀着一种人性的光辉,既让人感动又给人鼓舞。我在想,如果是我的话,遇上这种情况会怎样?每次我坐飞机遇上气流颠簸心生恐惧的时候,经常会想这个问题。万一飞机突然朝着地面俯冲,而这时的我只有几秒可活,我是会有尊严地度过生命这最后的时刻,还是会大喊大叫呢?

我觉得任何人都不能确定自己的答案是什么——所幸的是,我们中极少有人会"亲自"弄明白。然而从心理学的视角来看,我们完全有能力理解尊严的意义和价值。但我们也许还是会问,为什么不可以直接扑倒在地,然后拼命哭号呢?毕竟,终究是要去死嘛。这倒是没错,而且我现在必须赶紧补充一句:没有人有权责怪在这种情况下丧失尊严的人。也许,连我也会是这样的。但是这不是这里要讨论的重点。重要的是,出于本能我们都明白,面对危机时做出有尊严的回应,这是有价值的,尽管事实上这样的回应不会带来任何工具性的回报——除了片刻的平和,而这种平和也是尊严内在的一部分。打个身临其境的比方吧。假设我们都坐在一架正在坠落的飞机上,也许(或者说但愿)我们的飞机不会立刻坠地,但原则上随时可能坠毁。我们都确定我们会坠地,只是不知道这件事何时发生。换言之,我们难逃一死。生命是脆弱的,依赖于胸腔里的一团肌肉组织才得以延续——而理论上,它随时可能罢工。正如挪威作家卡尔·奥韦·克瑙斯高在其巨作《父亲的葬礼》的开头用朴实无华的语言写道:"对于心脏而言,生命是简单的:它尽可能不停地跳,然后停下。"[1] 那么,知道了这些,我们应当如何反应呢?是尖叫?是呼喊?是哭号?抑或表现出安静的尊严?

在我看来,《泰坦尼克号》里面的那对老夫妻绝对展现出了尊严,而且这是一种特定的尊严。如果重新回到亚里士多德还有他的美德哲学,我们也许可以将这种尊严定义为一种美德,即以一种有尊严的方式行动的能力。今天,很少有人讨论作为美德的尊严。尽管不乏有些书会探讨如何让自己充满激情,如何让自己值得信任,如何让自己善于创新,或者如何让自己不断完善,但是我没有找到一本专门讨论尊严并教导我们实现尊严的励志书。会不会是因为崇尚自我的主流思想里有什么有失尊严的内容,才导致探讨作为美德的尊严不会成为写作话题的首选?无疑,亚里士多德应该会理解我举的《泰坦尼克号》的例子,也会赞许那对老夫妻对终将到来的命运做出的回应。同样能理解这些的还有后来的斯多葛派学者。他们从亚里士多德的学说里获得启发,强调有尊严的内心平和是人类的一种根本价值。

然而,"尊严"这一概念还有一种虽相关但不同的意义,即人的生命本身所包含的内容。这种尊严并不是一种美德(即不是我们或多或少所拥有的一种品性),而是作为一种本体原则,即作为人性的内在部分。亚里士多德和其他古代希腊哲学家都对这种尊严没有定义。对他们而言，作为人这件事本身并没有什么是特别有尊严的，人的生命本身也不神圣。从历史的角度看，伴随着一神论的发展，生命才变得神圣起来。这一原则在源自文艺复兴的人文主义思想中得以复兴。其中杰出的作品包括早期的文艺复兴人文主义学者吉安诺佐·曼内蒂的《论人的尊严和卓越》和乔瓦尼·皮科·德拉·米兰多拉著名的《论人的尊严》。早期的人文主义学者提出："做一个人"这件事本身就内含着一种形式的尊严。如果在当今的工具主义时代有什么立场是值得我们坚定站稳的，那一定是关于人类尊严的基本性的思想。曾经有一位哲学家，比其他人更加坚定地用这一点作为自己思想的基石。这个人就是德国启蒙主义思想家伊曼努尔·康德。康德是本书第二个反工具主义立场的拥护者，这个立场就是"尊严"。

价值还是尊严？

在我看来，说到对哲学史的影响力，如果柏拉图和亚里士多德排前二，康德就排第三。在康德的三部伟大（且晦涩）的作品中，他探讨了纯粹的理性（知识）、实践的理性（道德）和判断力（包括审美）。在其中，他提出了一些根本的哲学问题：我能知道什么？我应当怎么做？我可以希望什么？康德的一生有个十分特别的点，就是他的人生极其缺少偶然性和戏剧性。他的一生都是在哥尼斯堡度过的，可以说他成了例行生活的奴隶。他每日固定要做的就是学术工作和散步，只有两次他偏离了这种日常模板：第一次是法国大革命的爆发（意味着他要花更多时间读报纸）；第二次是他阅读卢梭的《爱弥儿》（又译为《论教育》）后爱不释手，竟然忘记了定时散步的习惯。

康德写有一本篇幅较短且相对易懂的书，名为《道德形而上学原理》。书中写道："目的王国中的一切，或有价值，或有尊严。一个有价值的事物能被其他事物所代替，这是等价。与此相反，超越一切价值之上，没有等价物可代替，才是尊严。"[2] 在前言中，我解释了钱作为一套衡量体系的运作原理，即康德所说的"等价"。这里的"等价"就是字面上的"价值相等"，而钱的作用就是衡量和比较完全不同的东西的价值。用钱来计量的话，莎士比亚的作品全集（目前能买到的价格大约是30英镑）和一双廉价的运动鞋拥有同样的价值。将文学巨匠的作品和运动鞋进行比较是十分荒谬的，但是我们称为"钱"的工具让这种比较成为可能。而且，在习以为常的生活里，我们甚至不会注意到这有多么荒谬。

康德所描绘的"目的王国"是一个由理性个体构成的社会,是一个由有尊严的人构成的社会。这是一个理想的王国,而现实中几乎没有人生活在那里,因为我们不总是理性的,我们也很少将彼此视为目的本身。但是我们可以将这个世界视为一个由本身为目的的人所构成的世界,并且我们可以(尽量)尝试着按照目的王国的理想活着。按照康德的观点,我们有义务这么尝试,依照本书的定义,这也就给了我们一个重要的存在主义立场。

我们很少用康德理想中的目的王国的原则来看待现实的世界。例如,从科学的角度来看,这个世界是由科学法则界定的进程构成,但这样一来,就不存在目的,不存在意义,也不存在价值了。按照这一观点,这个世界仅仅是一个复杂的机器,除了我们外在赋予它的意义外,其本身没有任何意义。这就是伍迪·艾伦断言生命没有意义时充斥在他脑海里的世界观。我们上一章讲到,亚里士多德对事物的理解与康德完全不同。对于亚里士多德而言,世界是有目的和意义的。然而,现代科学,即从伽利略到牛顿再到后来的科学(也就是康德讨论的

"科学")却没有给这一观点留下任何余地。康德试图指出,我们作为人类不能生活在一个仅有因果构成的机械的世界里,还必须与他所谓的"目的王国"联系起来。也许一些读者不赞同这一观点,并指出:我们的生命确实是自然过程的一部分,因为我们并不自由,所以我们也没有特别的尊严。这时,康德则会回应:没有人知道这是不是真的,但是我们很清楚,我们不能在"命中一切均已注定"这个假定下活着。从存在主义的观点来看,我们需要假定的是,我们拥有自由和尊严,否则的话,生命就没有意义(详见本书第九章关于"自由"的讨论)。并且我们可以思考自由——按照康德的观点,这就已足够,因为这意味着我们有能力按照这一理念(即理想的目的王国的理念)来对待彼此。或者用威廉·詹姆斯的话说就是:"我自由意志的第一个行动就是相信自由意志的存在。"

康德说:"目的王国中的一切,或有价值,或有尊严。"从人和人之间进行买卖开始,就给各种商品和服务贴上了价格。然而,当我们进行商品和服务交易(并用钱将其转化为等价物)时,它们就只有价格,没有尊严。接着康德上面这句话的是下面这段文字(请原谅我再引用几句康德有些晦涩的语言):

> 凡是同人类的普通爱好以及需要有关的东西,具有市场价值;凡是不以需要为前提,而与某种喜好(即纯粹无目的的身体机能作用下的满足感)相适应的东西,具有欣赏价值;只有那种以本身作为目的存在的东西,就不只有相对值(即价值),更有内在值(即尊严)。

让我来试着解释一下这段话。根据康德的观点,食物、庇护所、衣物,也就是满足我们基本需要的东西,都具有市场价值。这样的东西还包括技术和劳力,这些都可以在劳动市场进行买卖。我们的能力和技术(或者按照今天的术语称为"胜任能力")都只有相对价值,而本身则不具有价值。类似的还包括我们的希望、偏好、喜好——这些都是在生活中,包括在广告和时尚的影响下,在一个彻底商业化的消费者社会里形成的。这些东西都具有康德所谓的"欣赏价值"。康德还提到了，从他生活的时代开始，丰富的想象和幽默的欣赏价值增加了。的确，许多现代招聘广告里常常把这些概念作为一种必要的竞聘条件（在具体的表述上，会用到类似创新、激情、敬业、幽默感这样的词）。然而，无论是有市场价值的事物，还是有欣赏价值的事物，都只是纯工具性的，没有任何内在价值。而唯一真的有内在价值的就是本身可以成为目的的事物，即"人"，也就是"目的王国"的主体，以及他们所做的事（因为他们拥有该王国的成员身份）。在上面引述的段落后，康德又提到了"信守诺言"和"有原则的宽厚"，它们和人一样，没有价值，但是有尊严。我们无法对"信守诺言"（即"诚实"）和"有原则的宽厚"（即"亲善"）进行买卖，或者对其赋予价值。假设我们可以对它们进行买卖和赋值（比如说"如果你保证什么都不说，我就给你100英镑"），就会将它们和我们所支付的价格相关，从而剥夺了它们的尊严。诚实和亲善是有内在价值的。我们可以用一个矛盾的句子来概括这其中的道理：唯一有真正价值的东西是无法用价格衡量的。

康德坚持认为，人类有一种内在的价值，其中一个显著特征就是人有尊严。康德说，这是因为人有意志自律性。"自律"的意思，即字面的"自定律法"。但是，这并不意味着每个人可以十分主观地决定什么是对的，什么是错的。相反，正因为人是理性的，所以人有能力决定什么是普遍意义上的对错，而完全不受我们的主观愿望和偏好的影响。我们自己的"视野"或者"直觉"并不能决定什么是对的，或者什么是我们生命里有义务去做的事——确实有一些事情我们是有义务去做的，不论我们的想法和感觉如何。最基本的，我们有义务尊重和保护其他人作为人的尊严。我们一定不能为私利利用他人，或者将他人当作可以加以利用来实现其他目的的手段。无论何时何地，人永远都是，也永远都会是以本身为目的的存在。康德用他那一贯深奥和晦涩的语言写道："对待每个有理性的存在（包括你自己和他人），遵循将其本身视为目的的准则。"[3] 所谓的做一个人，就是要让人本身成为目的。

当然，我们无法避免和其他人之间也存在一些工具性的关系。比如，当我们要买东西的时候，店员就是我们实现这一目的的手段，就像修车工就是实现修车这一目的的手段一样。在康德看来，这都是完全合理的。但是我们在对待这些人时，也必须将其本身视为目的。我们不应该将其他人只当作手段，也必须将其视为目的本身。我们有义务这么做，因为不这么做，我们就贬低了他们作为人的身份，即意志自律的、理性的存在。简单概括，要把人当作人，而不是东西。

今天的尊严

但遗憾的是，现实中太容易找到一些人仅仅被当作手段而不是目的本身的例子，还有一些通过对人的尊严赋值而贬低其尊严的例子。奴隶和人口买卖属于最极端的例子，而且可悲的是，直到今天，这种现象依然普遍。还有一些例子，虽然以一种远离极端和道德谴责的形式存在，但是依然交织在我们文化的主体之中。例如，美国著名人生导师托尼·罗宾斯曾宣称："成功就是当你想要成功的时候，在你想要成功的地方，与你想要在一起的人，做你想做的事，想怎么做就怎么做。"他所表达的是一种思维方式，认为他人的价值是与自己的愿望相关联的。按照罗宾斯的观点，成功不是超越自己的欲望并考虑他人，而是做自己想做的事，甚至还包括"想要在一起的人"。在这个有他人参与的成功公式里，他人仅仅是自己用来实现自我欲望的工具。如果我们认同康德关于人的尊严的思想，那么成功就不能被这样定义。成功必须包含在道德上将他人视为目的本身，而不仅仅是我们实现欲望的工具。

但遗憾的是，对人赋值也已变得十分普遍。在一些国家（包括澳大利亚、新西兰、日本、奥地利），官方有一套针对移民的打分体系。有博士学位的人通常比只有学士学位的人得分要高；说英语的人比说汉语的人得分要高。获得这些国家准入资格的对象是那些被认为可以给社会带来净增长的人，而衡量方法则是依据不同的参数进行打分。如果没有足够多的分数，就不能进入这些国家。在这一视角下，人没有内在价值，只有与国家经济相关的外在目的相联系的价值。这种方法只用分数的形式对人进行赋值，而没有将人的尊严考虑在内。一般来说，我们现代社会的工具化经常表现为：人成了服务于一种特定目的的资源（例如，提高 GDP、PISA 排名、能力评估等），而非目的本身。我们常常会不经意地用到"人力资源""人力资源管理"这样的词，而完全忘记了这些词本质上有多么强的工具主义。人并不是石油或铁矿那样可以被开发和最大化利用的资源。相反，人是具有意志自律性的存在，人有尊严，永远不应该被贬低为一种手段、一种工具或一种资源。

那么问题来了，我们如何才能让康德关于人类尊严的根本性的人文主义思想再度焕发生命呢？答案也许是，在政治层面共同努力，以确保政策永远视公民为人，而不是经济资源，或是商品和公共服务的消费者。在这一愿景实现之前，作为普通人的我们需要时刻告诉自己：每个人都有基本的尊严，都值得我们尊重。我希望，这样一来，尊严可以很好地作为我们的存在主义立场之一。这里的尊严不光包括本体意义上的尊严，也包括我们努力融入我们生活方式中的作为美德的尊严。然而，遗憾的是，如前文所言，励志类的图书和心理学研究里关于这种尊严的研究太少了。我学习心理学多年，后来也研究和教授心理学，印象里就从来没有见过这个概念，一次都没有（听上去挺吓人的）。这也许是因为现代心理学的主流文化实在无法对尊严进行工具化或金钱化，所以能做的只有尽可能地向尊严妥协，放弃对它的研究。所以，能有"无用的"老哲学家们提醒我们要坚定站稳这样一个重要的存在主义立场，实乃一件幸事。

第三章

承诺

人是有权利做出承诺的动物。

——尼采(1844—1900)

本书并未遵从尼采的哲学视角，但本章要详细探讨一下尼采诸多洞察人性的观点。尼采是最受争议、被误解最深的哲学家之一。尼采的一生充斥着病痛、戏剧性、悲剧，他最终于1889年在都灵精神崩溃，据说是因为看到了一匹受虐待的马——一位抨击过同情心的思想家竟出现这样的反应，实在是让人意想不到。而更有可能的情况是，那天他在街上突然崩溃，是因为当时的他已是梅毒晚期。

我之前提到过，有一些人将尼采视为一个虚无主义者，即完全拒绝意义和价值存在的思想家。事实上，尼采将虚无主义视为必须克服的威胁。尼采是一位格言大师，因对古代哲学家精炼的批判性分析而出名，而他本身作为一位古典语言学者，对这些哲学家都有着深入的研究。尼采的兴趣包括希腊艺术、文化、戏剧，也包括科学、达尔文主义。尼采的哲学并不是一个精心构建的思想体系。用他自己的话说，他有一种"用锤子做哲学"的倾向。换言之，尼采通过追寻各种成规的本源和接受史来解构成规（最典型的例子就是他对被他称为基督教的"奴隶道德"的分析）。尼采的方法称为"谱系学法"。这是一种二十世纪依然在使用的哲学研究方法，其中的一个突出人物就是法国哲学家米歇尔·福柯。但是尼采的思想并非纯粹是谱系学化的，即并不只是试图推导和揭露：历史上的种种小事件共同塑造了我们的集体信仰（尤其是道德信仰）。尼采的一部分作品，无论他有意无意，都是教诲启发性的（至少我会这样来描写，因为本章的重点是尼采关于人做出承诺的权利的讨论）。事实上，我还会更进一步将"承诺"定义为一个基本的存在主义的立场。

承诺的意义

尼采在抨击道德起源的第二篇文章里,提出了这么一个问题:"要培养出有承诺特权的动物,这难道不正是大自然母亲为自己设定的一项与人类相关的矛盾任务吗?这难道不是人类自身真正的问题所在吗?"[1]尼采用肯定的方式回答了自己提出的问题。对尼采而言,"人有能力做出承诺"这一事实是理解人类的关键。按照尼采的观点,人也是一种受生物本能驱使的动物,同羚羊和狮子一样。但是和这些动物不一样的是,人能够做出承诺。据我们所知,还没有其他动物有这项属性。只有人才有反身性的自觉（自省），只有人才理解今天和明天的联系，这两点正是做出承诺的必要前提。仔细想一想就会明白，能够做出承诺绝对是我们为人的根本要素。如果我们没有做出承诺的能力，那么无论是婚姻，还是基于忠诚的长久感情（甚至可能久到"直至死亡将彼此分离"），都不会成为可能。同理，也不可能会有商品或财产的合同和契约（例如，做出"我保证明天付钱"这样的承诺），我们的日常生活也没法运转。因为，不管是大承诺还是小承诺，不论是显性承诺还是隐性承诺，日常生活运转的基础就是不断地做出承诺（例如，做出"我会洗盘子的"这样的承诺）。如果没有做出和履行承诺的根本能力，没有任何人类团体和社会能够维系下去。

语言哲学家 J. L. 奥斯汀甚至提出，从功能的意义上看，观察一次世界与做出一次承诺是一样的。哪怕我们无伤大雅地说一句"下雨了"，都在遵从一种义务——要相信这句话（直到有了别的发现），并基于此做出行动（例如，随身带伞）。一旦做出了承诺，就意味着宣布你愿意为之负责。类似地，我们用话语表达对这个世界的观察，也就意味着我们（至少是隐性地且原则上）宣布愿意为之负责。[2] 我们说"下雨了"或是其他什么，其中包含了"我向你保证是这样的"意思。从这个意义上说，承诺作为信任和可信度的表现形式，对人类最根本的层面而言，是十分重要的。我们和他人发展持久感情的能力，以及我们一般的交流活动，都是基于一种隐含的假设——我们会信守承诺。

承诺和负罪感

当然了,人不是完美的。有时,我们无法信守承诺。每当我们做不到信守承诺的时候,就会有负罪感。用心理学的话来表达就是,负罪感的存在提醒我们做了错事,比如,违背诺言。消除负罪感的诉求一直都广泛存在。励志和成长类图书经常将负罪感、羞愧、良心谴责描绘成我们应该避免的东西。诚然,这些可能都是一些障碍性的情绪,因为有的人(例如,那些儿时曾遭受虐待的人)即使没有做错什么,也会有负罪感和羞愧感。在这样的情况下,一定要认识到,绝对没有任何理由将这些负面的情绪留在心里。但是很多人的问题截然相反，哪怕做错了事，也不会有负罪感。在这样的情况下，也许他们甚至都意识不到自己做了错事，而这正是因为他们缺少负罪感。负罪感是一个道德罗盘，没有了它，道德行为将无法找到方向。所以，当孩子犯了错（当然不是他们无辜的时候），一定要让他们学会有负罪感。

所以，可以将负罪感视为让道德牢固的黏合剂。实际上，尽管负罪感让人极其痛苦，但也许正是背弃承诺的反面，让我们不想没有负罪感地活着。在亨里克·斯坦格鲁普（Henrik Stangerup）1973年的小说《想被定罪的男人》（*The Man Who Wanted to Be Guilty*）[3]中，他用文字建构起一道捍卫负罪感存在意义的防线。该书背景设定在一个由心理医生管理的反乌托邦的社会。在这一社会里，哪怕是像主角那样谋杀配偶的人，都受到重视，被接受、理解。男主角想要被定罪，但是在一个被剥夺了个人责任的社会，有罪没有任何意义。今天，心理学和心理治疗成了整个社会环境的基础和主旋律，我们生活中的很多方面都更加强调肯定和认可，而非负罪感和羞耻感。

在这一背景下,斯坦格鲁普的分析更具有现实意义。

当代哲学家朱迪思·巴特勒延续了尼采关于人的基础的思考,将人感到内疚和做出承诺的能力视为构成人的基础。[4]巴特勒认为能够对行为做出"解释"的能力是"人"(即她所谓的"主体")这一概念的必要构成因素。通常,人都能够将其行为合理化(至少可以用所习得的语言进行合理化的解释)。按照巴特勒的观点,主体主要由道德关系构建,而不是倒过来,像我们崇尚的个人主义文化常常断言的那样,认为主体构建完成之后再去选择一种道德观。在巴特勒看来,这样的观点是错误的,因为在道德之前,或者离开道德,根本不存在真正的主体性;同时,在能力之前,或者离开能力,也根本不存在真正的主体性(福柯也曾这样说)。按照这一看法,能力和道德就像是一枚硬币的两面。道德之所以存在,是因为人对(或被)自我和他人做出行动的能力。或者按照康德的话来说就是,道德的"应"的前提是"能",即以某种方式行动的能力。

这样说也许听起来有些深奥,但是道理十分简单。我们开始以人的身份存在,是被他人要求(甚至是被强迫)对我们自己的行为负责的时候。当他人介入我们的生活中,并坚持要求我们为自己做出解释的时候,我们就开始能够与自我进行联系。如果我们从来没有被要求为自己做出解释,那么我们会永远保持在一种即时性的状态里,无法形成反身性的自我意识。巴特勒引用了尼采的观点来支撑这一看法。尼采认为反身性的主体出现的条件,用他那十分夸张的说法就是"害怕和恐惧"。尼采的意思是,"我们开始解释自己的行为"这件事的发生契机是,我们被在由法律和惩罚所构成的制裁体系中处于权威地位的他人(例如,家长或者老师)要求这么做。当一个孩子做了错事或者被禁止的事(例如,打翻了一杯奶),就会被要求为自己的行为做解释。他的父母就会用一副十分生气的样子问:"你究竟为什么要这么做呢?"而孩子也许连为什么都不知道,但是他仍然被要求为自己的行为(失误)做出解释或者将其合理化。在这种情况下,孩子被当成了一个有责任感的存在,而这个时刻甚至要早于这个孩子成为一个真正意义上的自我。发展心理学特别强调，只有随着时间的推移，儿童才能成为有责任感的存在（用尼采的话说就是，有能力做出承诺），而这只是因为在这之前他曾被当成有一个责任感的存在对待。正如巴特勒所说："负罪感让成为一个主体成为可能。"[5] 在负罪感的驱使下，儿童进入一种关系中，在这种关系中，他或多或少都被迫需要对自我和自我行为进行评价，这是决定他有罪还是无罪的过程的一部分。没有人会在一夜之间或在被指控有罪之后就成为一个有责任感的存在。事实上，这个过程需要很多年的积累，在这期间，主体性不断得到塑造，并由此创造了一个能够为本身做解释的反身性的个体，换言之，即成为一个有权做出承诺的存在。

工具化的承诺？

前面已经论证了承诺、道德、负罪感,与成为一个有责任感的成年人之间的内在关联。当人被要求(或强迫)为自己做出解释的时候,他便迈出了成为一个能够行动的个体的第一步。他需要参照一套他能够打破的规范(例如,不应将奶洒在桌子上的规范)来为自己做解释。这个过程可能有两种形式:一、解释自己对所发生的事没有责任(例如说"我不是故意的"),这会让做错事的一方有一种后悔的感觉;二、确认自己的责任,这会让做错事的一方进行真诚的道歉(例如说"是我干的,我错了，请原谅我"）。因此，有行动能力和自省能力的自我的形成是与一系列的道德价值观（具体说是负罪感，即对于道德的感受）相关联的。能够接受或者拒绝（但至少考虑过）所犯的罪过是一个成熟的、自省的人的标志。尼采所说的"做出承诺的动物"，就是指一个能够说出"这（不）是我的错"的人。在某种意义上，这是人类社会中责任、道德、社会性的根本基础。

然而，在工具化的文化里，这一基础正在受到侵蚀。就比如所谓的"项目性社会"的概念，即一种基于新的且更短暂的契约文化的社会。[6]我们看到了越来越多的契约条款后加上了"除非另行通知"这句话。我们对彼此的承诺只是就"当下"而言。毕竟，也许我们做出这个承诺，就只是为了某种伴随而生的更好的东西，例如，一个更好的新年聚会的邀请，或是一份更好的工作，或是一个更好的男友。这是那些犯有错失恐惧症的社交控人群永远无法摆脱的两难魔咒。当承诺只是"当下"的承诺，严格意义上说，也就算不得承诺，最多（同时也是最糟糕地）只能算作对于立下承诺的人来说有利可图的工具化了的承诺。

对某人做出关于某事的承诺,从原则上说,应该是一个无条件的行动。比如,我们结婚的时候,承诺彼此相伴,至死不渝。大多数伴侣对于离婚率之高再清楚不过,也明白他们不会成为例外的可能性也很高,但是他们不会因为这些经验性实例而放弃宣誓忠诚于彼此。像"我保证会对你忠诚,直到有更好的人出现,然后我会改变主意"这样的话,根本无法成为婚礼誓词。承诺被工具化的同时,也摧毁了承诺存在的根本。承诺是值得我们坚定站稳的立场。即使我们从信守承诺这个行动中,除了信守承诺本身外不会获得其他好处,但这个行动本身就是为人之根本,也是为人之尊严所在。从这一意义上说,承诺是一个存在主义的立场——承诺不能被工具化,且本身有内在价值。如果不能坚定站稳承诺这一立场,人性的根本将遭到破坏。

第四章

自我

自我是一种与其本身相联系的关系。

——索伦·克尔恺郭尔（1813—1855）

毫无疑问，索伦·克尔恺郭尔是丹麦最著名的哲学家。他是一位神学家、哲学家和文学对话大师。他的写作内含错综复杂的声音和笔名，直至今天，这些声音和笔名本身依然有分析和解释的价值。论述他的生活和著作的佳作不少，我们这里只集中讨论他最核心的存在主义的观点。他的著作《致死的疾病》(*The Sickness Unto Death*)，写作时用的笔名是"反-克利马科斯"(Anti-Climacus)，但是出版时用的作者名是S.克尔恺郭尔。下文引自书中导言：

> 人就是精神。什么是精神？精神就是自我。那什么是自我？自我是一种与其本身相联系的关系。换言之，自我内含于一种关系（这种关系解释了自我的

意义)之中,这种关系让自我与其本身相联系。自我不是关系,而是(包括了)这种关系将自我与其本身相联系(的事实)。[1]

这段话乍一看特别深奥,但是克尔恺郭尔想表达的意思要比这段话看上去浅显。首先,他将人定义为精神,然后问究竟什么是精神。他又回答道:精神就是自我。这又引发了新的问题:自我的定义是什么。他将自我定义为一种与其本身相联系的关系。换言之,自我并不是一个物体或者物质,而是一种关系。那究竟是什么和什么之间的关系呢?这段导言没有给出答案,但按照克尔恺郭尔的理解,人包括身体和心理,是肉体和灵魂的结合体。用我们今天的话说,既是心理的,又是生理的。然而,单纯靠灵魂与肉体(心理与身体)间的关系,还不能构成克尔恺郭尔定义的自我。只有通过与其本身相联系的行动,这种关系才会是精神性的,因而才会是自我。换言之,自我既不是我们的心理,也不是我们的生理,也不是这两者的整合,而是一种与心理和生理的综合体(或关系)相联系的行动。因此,自我包含两个事实:

一、我们不只能够与我们的心理、身体和整个世界联系起来；二、我们还能够与我们同这些事物相联系的方式联系起来。

如果我们将其中精神的概念替换成文化的概念，对于现代的普通读者来说，可能会更好理解一些。这句话改后就成了：一个人，如自己所观察的那般，是一个文化性的存在。文化所表达的，是一种自然（包括身体）与心理之间的关系。文化的英文"culture"源自其拉丁语词根"cultura"，意思是耕种或培育。有时候，文化会被放在自然的对立面，但是更准确的说法可能是，文化是某种形式的自然，即一种经培育的自然。就拿农业来说，人培育植物、耕种土地已经有数千年的历史。农业依然是自然，是由人加工了的自然。从这个意义上说，没有任何文化产品（如艺术、语言、社会习俗）是不自然的。它们只是自然被培育或加工的产物，以调和我们与自然的关系。文化包含我们与世界之间被调和的关系。相应地，拥有一个自我也就是拥有了一个与你自己以及这个世界之间被调和的关系。所有的动物都会吃、会睡，会将基因延续给后代,但是对人而言,人的文化会调整这些活动的实现方式。于是,在世界的不同地方,因为食物、家庭结构、生活节奏的文化传统不同,这些活动就有了不同的表现形式。

我们还可以这样来解释人的自我和文化:所有生命的存在都与这个世界相联系。例如,追随太阳生长的植物在某种意义上与光能相联系;再如,吃香肠的狗将自身的饥饿与食物相联系。但无论是植物还是狗,都不拥有克尔恺郭尔意义上的自我,因为它们都没有能力与自己同这个世界相联系的方式联系起来。和所有其他生命一样,人类与世界相联系,但是让我们成为独一无二的存在的,是我们有能力与自己同这个世界相联系的方式联系起来。比如,如果我们想要黝黑的肤色,可以像植物那样追随太阳,但也可以躲在荫凉的地方,因为书里告诉我们在太阳下暴晒会增加罹患皮肤癌的风险。也就是说,无论想要晒太阳的欲望有多么强烈,我们可以基于(文化所决定的)关于其后果的知识,反身性地与这种欲望相联系。这是植物做不到的。再来说狗的例子。我们也许也像狗那样想吃香肠,但是我们还可以选择不吃肉，因为我们是素食主义者、关心气候变化，或者在减肥（换言之，因为我们有文化所决定的关于肉的概念）。而狗不会减肥。也许狗主人会有意强迫它减肥，但是狗无法出于自己的自由意志选择去减肥。为什么狗做不到呢？因为狗不能反身性地与自身的饥饿相联系。狗会饥饿，会想要找吃的，但是它不能把自己与是否应该采取行动解决饥饿这件事联系起来。无疑，狗也是有脾气的，甚至还有性格（例如，一些狗要更胆小一些），但是狗没有自我，因此狗没有与自我相联系的关系。这也就是哪怕狗违背主人命令吃光了所有香肠，我们也不会在道德上让它负责的原因。我们可能会因此恼火，训斥它，试着训练它下次不要再犯（比如通过表达愤怒或者让它感到害怕），但是我们不能对其行为感到道德层面的愤慨，因为它对于所犯错误没有任何责任感。只有当一方能够与其行为相联系时，即拥有克尔恺郭尔意义上的自我（这样的自我因此也属于康德所谓的"目的王国"），另一方的愤慨才是合理的。这就又牵扯到了何为"人"的问题，而且从某种意义上说，自我是我们能够与有意义的生命相联系的根本基础，因此也就必然成为一个值得我们坚定站稳的立场。

关系是被建构的

简单地说,克尔恺郭尔将自我描绘成一个反身性(自省)的过程。自我不是物体或物质,而是一个过程,是所发生的,而不是所呈现的。自我是一种与本身相联系的关系,而我们与我们本身相联系的能力是为人的根本。没有了这种能力,我们就会像其他动物一样,一切行动都受生理冲动或渴求的驱使。狗饿了会去找食物,除非它感受到其他强烈的冲动(比如感到害怕),驱使它做其他事情。尽管成年人也会有冲动,我们也会反身性地与这些冲动相联系,并考虑是否基于冲动而行动。这种反思

（自省）的能力不是我们自己创造的。这一点在克尔恺郭尔这里得到了证实，他指出，这种构成自我的与本身相联系的关系是由他者构建的。克尔恺郭尔认为，这里的"他者"指的是上帝，因为在他看来，是上帝将我们创造为自我，即一种精神性的存在。

正如发展心理学所说的那样，是我们的社会或者文化（作为他者）建构了自我。我们不是在一个与世隔绝的自我发展的过程中成为具有反身性的自我的，而是通过他人来实现与自己本身相联系。所以想要让一小团模模糊糊的生命体（新生儿）变成能够与本身相联系的自我，即成为康德所说的有"尊严"的个体，就必须要让他透过他人的眼睛看到他自己。而我们学会与我们本身相联系的唯一前提就是，在这之前，他人已经与我们相联系。从这个意义上说，自我"亏欠"（这个词一点儿也不夸张）于他者。上一章中，我们讨论了儿童如何发展出负罪感和责任感，讲的也是同样的道理。

"自我"是二十世纪早期由美国的乔治·赫伯特·米德

(1863—1931)和苏联的维果茨基(1896—1934)几乎在同一时间提出的一个心理学概念。虽然在前言中我对心理学抱有相当的批判态度,但这是一个心理学已经进行了十分深入探讨的重要现象。紧随着米德和维果茨基的思想,现代发展心理学深入分析了人如何在人际关系中得到发展,包括人如何基于来自照顾自己的他人的反馈,逐渐接受采纳他人的看法成为自己的看法,并以此"从外部"成为(建构出)自我。自我总是通过他者形成的。按照克尔恺郭尔的理论,人的这种反身性的与其本身相联系的关系(简单来说,就是"自我"),是社会关系的产物。维果茨基清楚地说明了这一观点,而他的分析也已经成为经典。维果茨基说,成年人(尤其是家长)对儿童的行为进行诠释的时候,儿童先天的生物性冲动就会转变为反身性的意志行为。例如,学步的儿童有一种先天的抓东西的反射动作,因此会本能地把手伸出去抓视线范围里好看的、多彩的、运动的物体。这并不是儿童习得的行为,也就是说,这是一种自然行为。然而有时,儿童会伸手去抓够不到的东西,然后一个能力更强的成人就会介入,将东西递给他。成人诠释了儿童本能的抓取的反射动作（即指向一个儿童想要抓取的东西），于是慢慢地，学步的儿童就明白了可以用手指来引导成人的注意力。于是，起先纯粹的反射动作（抓取）就变成了一个刻意的行动（用手指）。而这样的事情发生的条件是，在用手指的本能性的动作成为一个刻意性的行动前，这一动作就已经被诠释为刻意的行动，也就是说，儿童的本能动作是慢慢地才变成了真正意义上的用手指的行动。在发展心理学中，这一点石成金的神奇时刻出现在所谓的"最近发展区"（zone of proximal development）中。成人的发展总是远远超前于儿童，因而成人会帮助儿童逐渐习得相应的技巧，来做起先只有在成人帮助下才能完成的事。[2] 只有通过这样的方式，且在一个文化环境里，自我才能发展成"与本身相联系的关系"。然而，如果成人给了儿童太多责任，且高估了儿童的能力，例如，如果像"以儿童为中心的学习"这种在教育界主导多年的概念被应用得过了头，就会出现问题。另一种潜在的问题会出现在"直升机式"的家长（对子女过度关切，就像直升机一样在头顶盘旋、护航、戒备）身上，因为他们不会让儿童有任何的自我责任感。

而最近发展区的概念就内含一种在这两个极端之间的平衡,而且还要求成人理解儿童的处境。正是在社会的环境里,儿童的行为才被诠释为有意义的、有目的的行动,因而反过来才得以逐渐习得相应的技巧。这一点和上一章里巴特勒的观点一致——通过被(恰当程度地)追究责任,儿童才发展出了责任感。

道德的自我

克尔恺郭尔是一位丹麦神学家,信奉新教;而维果茨基是一位苏联心理学家,信奉马克思主义。乍一看,他们之间势必存在巨大的鸿沟。但本章集中讨论的是他们思想中的一个共同点:自我是一个由本身之外的他者所决定的反身性的过程。而他们之间的区别在于,克尔恺郭尔认为的他者是上帝,而维果茨基(以及米德)认为的他者是社会集体。讲到这里,相信读者会好奇,既然在前言里批判了这个崇拜自我、以自我为中心的时代,为什么又要将自我(与本身相联系的关系)定义为一个需要坚定站稳的存在主义立场？我依然坚持我的批判，其实，这两者之间并没有任何矛盾，因为我所说的这两种"自我"的定义大相径庭：一种是由（社会）集体所决定的，且能够成为"与本身相联系的关系"的自我；另一种是当今泛滥的励志书里宣传的"自我"，通常表述为一种内在的、以个人为真理或中心、欲被解放的自我。例如，当我们谈到"自我实现"时，这里的"自我"通常是已经内化了的。但是，这并不是克尔恺郭尔式的发展心理学意义上的自我，同这个"自我"更相关的概念是"形成"（养育和教育）。自我可以作为一个对象去"实现"，但是在这之前，需要通过本身之外的他者得以"形成"才行。这里的"他者"指的是人类共存所需要的历史传统，这样的传统不光限定了我们的交流框架，也引发了新生儿自出生起的各种经历。所以，我们总是通过他者（他人的表情和反应），而不是通过将自己与世界隔绝且纯粹内省的方式来理解自我。我们因为与他者的关系而存在。而"自我"这个词就是用来指与这些关系相联系的能力。克尔恺郭尔常常被描述为一位个人主义的思想家，但这只说对了一半，因为他关于自我的基本概念需要一个个体之外的行动者来决定或形成自我。实际上,更多最新的研究将克尔恺郭尔描述为一个社会心理学方向的思想家。[3]

按照克尔恺郭尔的定义,还可以把自我理解为包含了道德的或伦理的过程。和非人类的动物不同,人可以反身性地决定是否回应自身的冲动(这正是因为人是自我),这一事实让自我成为一个涉及道德的过程。哲学家查尔斯·泰勒尤其倡导这一观点。[4]泰勒指出,作为人,我们在行动的时候,不光会(像动物那样)考虑自身最强烈的欲望,还会考虑行动本身的道德价值。在这一点上泰勒和克尔恺郭尔的观点是一致的。例如,我们也许想忽略支援受灾难民的诉求(也许是因为小气),但同时也会认为这样做要比捐钱的道德价值低。所以,反身性的自我让人不仅有欲望和愿望,也有引出(其他)出于道德原因的欲望和愿望的欲望和愿望。泰勒将这种想要有某种欲望的欲望(即对欲望的欲望)称为"二级欲望"。泰勒将用道德来评估行为选项的能力称为"强评价",而"弱评价"则仅仅与自身最强烈的欲望有关。人之所以被定义为道德的存在,是因为人会根据源起于自身和自身欲望之外的价值观来审视自身的欲望。这就准确解释了为什么价值观是道德层面的。

本书中所强调的各种存在主义的立场均可被视为道德的价值观（尤其是承诺、责任、真、爱、原谅）。所有人都可以依据这些道德的价值观来实现与本身的联系。和当代主观主义的观点不同，我认为这些现象都是真的，都真真切切地存在于我们的世界，并参与组成了我们所经历的现实。而"自我"这一术语指的就是我们通过这些现象或立场实现与本身相联系的能力。按照这种方式定义的自我（即由道德所决定的与本身相联系的关系）和我们当代流行的自我概念是完全不同的。见怪不怪地，现在就连自我的概念也已经被工具化了。"自我"已经成为一种商品，交由各种形式的自我发展进行优化，以促使个体能够在工作和恋爱中获得成功。在这种氛围下，我们要实现与本身相联系，并非因为这么做在存在主义层面有意义，且这样做是一个以本身为目的的行动，而是因为"自我"可以让自己开心和成功。这样的"自我"已经成为个人追求更好表现的另一种"工具"。一个又一个的管理大师都会告诉你:"你最重要的管理工具就是你自己。"[5]

然而,克尔恺郭尔强调自我是一个由他者(通俗地说,就是社会集体)决定的反身性的关系;同时,泰勒还强调了这种与本身相联系的关系的道德意义。这两者加起来为我们提供了反对将自我工具化的强大的理论支撑。按照克尔恺郭尔的定义,自我并不是一个东西,也不应该被当作一个工具或商品;自我不是一种需要被优化或被人力资源经理金钱化的资源。我们不能给自我贴上价格的标签——自我有的是尊严,而不是价格。坚定捍卫这种"与本身相联系的关系"(即自我),于人的生命而言,是有内在价值的。没有反身性的与本身相联系的关系,也就没有所谓责任、义务和道德了。

第五章

真

尽管没有真理,但可以做个真诚的人。

——汉娜·阿伦特(1906—1975)

哲学经典中缺乏女性的声音实在有失体面，但这是一个事实。一直到二十世纪，哲学史上几乎没有女性的身影。虽有少数几个特例（例如，十八世纪的玛丽·沃斯通克拉夫特），但她们主要的成就也多为关于女权的思想。所幸的是，现在许多一流的哲学家都是女性。本书前面我提到了朱迪思·巴特勒，后面我们还会讲到艾丽丝·默多克。但除此之外，二十世纪最重要的哲学家中有一位也是女性，她就是汉娜·阿伦特。阿伦特生于德国汉诺威的一个（自由派）犹太教家庭。作为一位学者，阿伦特的一生相当富有戏剧性。她先是在马丁·海德格尔（1889—1976）门下学习。海德格尔后来成为一名纳粹，但这并没阻止阿伦特和他保持长期的情人关系，后来阿伦特也因此受了不少批评。希特勒 1933 年掌权后，阿伦特开始帮助犹太儿童前往巴勒斯坦，自己也被迫逃回法国，并于1940年被拘禁在比利牛斯山的集中营里。后来她和另一位著名哲学家瓦尔特·本雅明一起逃跑。也许是为了避免被纳粹迫害，本雅明最终选择了自杀；而阿伦特则不同，她先后辗转于西班牙和葡萄牙，最终逃到了纽约。

到了纽约以后，阿伦特开始将哲学应用于解决主要的社会问题。她著作的主题涵盖极权主义的崛起和革命。阿伦特最为人所知的，应属她那本关于阿道夫·艾希曼的审判的书了。阿道夫·艾希曼是犹太人大屠杀的主要负责人和组织者之一，1961年于以色列受审，被判死刑并处以绞刑。阿伦特就艾希曼的第一次审判为《纽约客》撰写报道，并在后来将他所犯的罪过定义为"平庸之恶"（banality of evil）的集中体现。当然她绝不是想说艾希曼所犯的罪过是"平庸（不紧要）的"，而是他作为一个平庸（普通）的人却导致了极致的邪恶。艾希曼本人并不邪恶，也没有什么明显的道德感，他似乎只是觉得他所做的不过是履行了作为一名德国公民的义务。驱使他的不是施虐癖，而是纯粹的服从。也许阿伦特提出的最有影响力的思想就是她所谓的"诞生性"（natality）概念，即我们作为人出生和生育的事实。从人的诞生性中，阿伦特看到了从人行动的创造力中诞生希望和信仰的潜力，而这一观点同当今占据支配地位的马克思主义理论形成了鲜明对比。按照阿伦特的这一思想，人并不只由外部结构决定，人也会不断地以无法预料的方式发展。这也就意味着，我们有自由行动的能力。

阿伦特1958年出版《人的境况》一书，对于任何一个想要寻找存在主义立场的人来说，都是一部宝藏级作品。该书的重点是她所谓的"积极生活"的概念。在这一概念框架内，她对于劳动（labour）、工作（work）、行动（action）做出了著名的区分。其中，"劳动"与满足基本的生物需求有关；"工作"就是创造科技和文化产品；"行动"让人以这样或那样的方式归属于这个世界。和亚里士多德类似，阿伦特认为行动是一种"实际做时才释放出完整意义的实践"，[1]换言之，真正的行动以本身为目的。根据阿伦特的观点，如果我们探讨的对象是一个网络，而交织在这个网络中的是构成了一个有意义的人生的各种行动，那么，我们探讨的生命是"政治生命"（bios），而不是"动物生命"（zoe），这重现了古典希腊哲学对这两种生命的区分。"Zoe"与"zoology"（动物学）有关，指以物种定义的生命（例如人、犬科动物、猫科动物等）。但是，我们不应当只依照纯粹的动物属性来定义人，因为人的生命还有各种各样的故事，在这些故事中，人的角色就是活出一个有意义的生命。而与"biography"（人物传记）一词相关的"bios"，表达的就是这一种生命。

不确定的世界中的真

阿伦特的思想反映了二十世纪主要的政治动乱。用阿伦特的话说，在这个世界里思考，为这个世界思考，必须要"没有栏杆（障碍）地思考"（think without a banister），也就是说，生活和思考的条件一直都在变化。从这句话里，我们又能得到一个什么样的存在主义立场呢？这里我们直接引用《人的境况》这本书里的一句优美的名言："尽管没有真理（truth），但可以做个真诚（truthful）的人；尽管没有可靠的确定性，但可以做个可靠的人。"[2]

阿伦特在书中说这句话的时候，她正在讨论笛卡儿（1596—1650），以及从中世纪过渡到一个基于科学方法论和理性的更加开明的时代的过程。阿伦特认为真理和可靠本身并不存在于这个世界，而是由人通过人自身的真诚和可靠将它们带到这个世界上来。那么究竟是为什么？为什么真诚的话语和可靠的行动是善的呢？如果通过这些存在主义现象的功利性价值来切入这一问题，那么这些概念会有被扭曲的危险。我们应该将其视为纯粹的行动，一种以本身为目的的行动，因而其本身存在一种内在价值。十几个世纪前，身为斯多葛派学者、哲学家、皇帝的马可·奥勒留曾表达过相同的看法："一切虽随机发生，然行动不可随便。"[3]

认识到我们生活在一个不稳定且善变的世界是十分重要的。而这种世界的瞬时性的概念大约是从笛卡儿才开始的。我们现在已经知道宇宙大爆炸、古生物学、地质学和达尔文进化论。依据这些理论，就连山川和物种都是不断变化的。说到这里，我们的思绪又回到了伍迪·艾伦那让人沮丧的关于意义不存在的分析。这种关于世界所内含的偶然和善变的本质的认识，用哲学术语来说，就是"偶在/偶变"（contingency）。说世界是偶在/偶变的，也就意味着一切一直都是且将是不同的。那么，这是不是意味着，对于意义而言，如果我们还是选择坚持一个存在主义的立场，会有些太过天真了呢？答案是否定的。阿伦特和本书中所引用的哲学家会说：这不只是一个如何回应偶在/偶变的问题。近年来，很多人会回应说，当我们生活在一个未知的世界中，必须要灵活和变通。但是这样做，实际上只是在延续一种事态，而不是主动且智慧地回应问题本身。一个更明智的回应应该这么说：因为"稳定"并不是这个世界"生而就有的"，所以要由我们亲手来创造。我们能够通过真诚的话语和可靠的行动，让这个充满偶然和多变的世界稳定下来。我们永远无法为这个世界建造一种永恒不变的结构，但是我们可以让体现在人类关系中的一些重要道德价值观成为不朽，这也许就是我们能够做到的全部。要做到这一点，必须先从内部对生命进行思考，而不是通过拉开我们与我们想要理解的生命之间的距离来物化生命。

基于达尔文的世界观,一些思想家选择为真和可靠的对立面(谎言)背书。谎言是进化心理学尤其感兴趣的一个主题。进化心理学本质上是一个泛化的功利主义的心理学,因为其基本假设就是我们的信仰和行为发展是为了促进基因的延续。要我们想象出一个所有人总讲真话的社会确实很困难,因为我们可以想象出无数个说谎反而显得体贴、得体且道德合理的场景。但是这远远不能让我们直接得出结论,认为我们为了提升社会地位应当经常有策略地说谎。就比如,有人会说:"说谎可以帮助我们提升地位,在争取投资、伴侣、名誉上给我们超越他人的优势。"[4] 进化心理学所指的谎言的变通作用,与堂而皇之甚至广泛传播将说谎作为一种生活策略之间,其实只有一线之隔。

从进化的观点来看,谎言可以帮助我们提升地位,赋予我们权力方面的优势,这也许确是事实。但是同时,我们也看到了工具化思想是多么的危险,因为工具化思想会认为,说真话也不再是因为这样做有道德价值,而是因为这样做有实用价值。于是,当真诚的反面确有功利性的价值时（例如，说谎可以作为获取钱财、伴侣、名誉的方式），说谎也变得可以接受。我倒也不真觉得进化心理学家会认为，在社会的各种场景中，只要于自己有利，人就可以随心所欲地说谎。但是既然这些人可以将说谎描绘成一种可以改善生活的手段，那么也至少间接地为说谎提供了背书。抱有这种思想的人会问："那又有何不可呢？"在纯粹的达尔文的世界里，除了有实用价值的东西以外，不存在任何其他准绳。[5]

真理的尊严

阿伦特所指的"真理"（truth）是存在主义层面的真理，至少我是这么理解的。这里的"真理"并不是科学知识，而是从我们生活方式中显露出来的"真理"。在一个不断变动的世界中，我们可以通过真诚的话语和可靠的行动创造出稳定的岛屿。这些岛屿（可以是家庭、机构、组织、国家）能够成立的唯一条件就是，其中的人承诺会不断地用真诚可靠的方式对其进行重构。阿伦特还谈道，真和可靠是我们在社会生活中会遇到的要求和任务。我们可以选择对真和可靠视而不见，继续生活，继续为永恒的灵活和变通喝彩。但是根据阿伦特和本书中其他思想家的观点，在可以选择真的条件下选择真，会更加有人性，更有尊严。对真的追求经常会与其他的要求相冲突，这是无法避免的。生命最大的悲剧之一就是，有一些困境无法像解数学题那样"解出答案"。

尽管如此，存在主义意义上的"真理"有一种基本的尊严，这种尊严让"真"成为目的本身。我们说真诚的话，不应该是为了能获得健康、成功或快乐（尽管幸运的情况下，可以同时实现这三种状态）。相反，我们说真诚的话，做可靠的事，是因为"真"本身有内在价值，因为"真"与我们能够兑现对他人的承诺的能力相连。正因为如此，"真"才能成为一个重要的存在主义立场，一个值得我们坚定站稳的立场。

第六章

责任

个人与他人存在关联,必然会将他人生命的一部分握在手中。

——K. E. 勒斯楚普(1905—1981)

K. E. 勒斯楚普算得上是继克尔恺郭尔后丹麦最重要也最有名的哲学家。勒斯楚普在奥胡斯大学任神学教授，其著作话题涵盖内容丰富，涉及形而上学、生命哲学、伦理学等。至于他的思想和基督教间的关联程度，尚无统一的看法。他最有名的一部著作《伦理的要求》（1956年）阐释了一种人类普遍的伦理学，一种所有人接受起来都不勉强，且无关宗教派别的伦理学。[1] 勒斯楚普认为并不存在一种纯粹基督教式的伦理学。他的哲学属于现象学（phenomenology），即研究现象的科学，旨在描写我们在对世界进行理论认识之前关于世界的经验。如果人类伦理学存在理论知识的话，那这样的知识可能包括人脑的工作原理、合作行为的发展过程、倾向于利他主义行为的基因选择。但是按照现象学的观点，这样的理论知识不过是一次再认识,即认识一种在人对其进行理论化之前就已经存在于这个世界的现象。现象学旨在描写我们生命经验中这种先于反思和理论的基本方面。而伦理中的这类基本现象正是《伦理的要求》一书所讨论的核心点。

勒斯楚普在该书中写道,"伦理生活的基本现象"包括"勇敢地向前和迎遇"。[2] 其中暗含了一种要求,这种要求不由个人发起,因此任何人都无法将其消除。也许你会尝试忽略,甚至刻意打压这种要求,但是要求本身依然客观存在。这种要求是生命最根本的基础之一。作为人,我们的生存状态,用勒斯楚普的话说,是一种相互依存的状态,是一种互惠性的依靠和救赎的状态。广义上说,"勇敢地向前"意味着"走向他者"。完成这样的举动需要信任。在勒斯楚普的《直面克尔恺郭尔》(*Confronting Kierkegaard*)一书中,信任被称为"生命至高无上的表现"。这是因为信任的存在要先于不信任。例如,婴儿来到这个世界上,就对监护人抱有信任,只是后来才学会了不信任。同样地,成人在与他人初次交往时,也会怀抱信任,这就解释了为什么在真人秀《隐藏摄影机》里，那些被偷拍的路人很容易被戏弄。我们本性里并不会预期被别人欺骗，而是充满了信任，会相信情况总是和看上去的一样，相信他人是真诚的。

个人必须不断地依赖他人，因为我们的生命是彼此相依的。因此，生命的一个基本事实就是，"个人与他人存在关联，必然会将他人生命的一部分握在手中"。[3]基于此，勒斯楚普推导出所谓伦理的要求的内涵，即"要求你照顾好你生命里遇到的他人的生命"。[4]勒斯楚普指出："人与人之间根本的依存关系，以及直接的权力关系，催生出一种要求，即照顾好他人依存于个人的（且个人对其有控制权力的）那部分生命的要求。"[5]

这种伦理的要求包括了我们对于其他人类同胞的根本责任。这种责任源于我们对彼此都有控制权力。作为二十世纪最有名的权力理论家，米歇尔·福柯也认为，权力是人际事务中的一种普遍现象。勒斯楚普强调，我们与他人的互动必然涉及对他人行使控制权力。尽管勒斯楚普的理论与福柯的理论在许多方面大相径庭，但两位哲学家都将权力视为生命的一种基本现象，甚至是一种具有生产力的现象。福柯认为，这是因为权力为行动和要求创造了机遇。勒斯楚普则认为，义务和责任源于权力。我们之所以有义务做善事，是因为我们有权力这么做。因此，权力并非一定是一个惹人反感的或负能量的概念，并非一定要像在公司环境（比如经理培训员工的时候）下所倡导的那样，要消除权力，创造"去权力化的空间"。按照一些当代管理的理论，暂时在工作场合（比如业绩和晋升考核）中为保障公开性而去除权力关系，这是一种有益的举措。然而，对于生活在相互依存状态中的人来说，根本不存在所谓的"去权力化的空间"。生命中的确存在着一种对个人的要求，要求个人出于他人利益而非自身利益来行使权力。这就是伦理的要求。没有这种要求，我们将无法保持存在。

要求出自哪里？

当我讲授勒斯楚普的思想时，学生们最经常问到的问题是，这种伦理的要求究竟出自哪里？在当今这个时代，我们的关注点更多放在了解释，而不是描写上。我们要的是关于事物缘由的科学解释。勒斯楚普通过存在主义视角的描写探讨了这种要求，但对于这种要求的缘由并没有给出进化心理学视角下的解释。这种解释是否存在也许尚存争议，但是这并不影响这种要求存在的事实。如果我们一定要解释这种要求的缘由，除了将这种要求解释为源自我们对彼此的依赖（如勒斯楚普的解释那般），没法再找到更多的解释了。这种要求，也许还可以被称为一种责任或义务，源自与人类有关的一个自然事实。这里说来就话长了：从进化的视角来说，这就要讲到人类是如何进化为具有高度社会性的物种，就要讲到众多个体的生命无可避免地紧密相连。然而，对这种要求的缘由提出疑问这件事本身，其实就类似于对数学或逻辑运算的正确性的缘由提出疑问。是谁决定了2加2就等于4？2加2等于4这一事实的缘由又是什么？没有人决定。这就是道理本身，纯数学、纯逻辑上的道理。是谁决定了2个氢原子结合1个氧原子就能生成水？没有人决定。这就是道理本身，是元素间发生反应时纯化学上的道理。真正的世界其实就像这样，并不是我们所感知的世界的样子。万物的存在，并不是人的创造，从一个层面上说，反而是万物帮助创造了人，就像我们的存在需要依赖逻辑、水、伦理一样。我们也许可以用相同的方式来解答伦理的要求的缘由。那就是处于互动中的人会遇到一种要求，要求个人按照满足他人最大利益的原则来行使自己的权力，这就是道理本身。也就是说，这种要求不是由人所创造的，而是这种要求构成了人的一部分。然而，和上面那个化学例子中的原子结合不一样，伦理的要求并不是一个机械的因果过程，而是一种规范性的要求（就像逻辑那样）。至于是否遵守这一规范性的要求，则取决于个人的选择。但无论选择如何，这一要求本身不会消失。一个人可以否认对他人的责任，但是这并不能让责任消失，就好比选择非理性的行为并不能让理性的正确性消失一样。

反对这一观点的人通常会辩解说，在这个世界上，不同的地方对伦理的认识也不同。因此，这样的伦理的要求也是无法普适的。作为对这一观点的回应，我要说：第一，关于伦理的基本认识的差异，实际上要比我们想象中小得多。不言而喻的是，比如在对待安德斯·布雷维克这样的杀人犯，或者其他极端的意识形态上，我们所持有的伦理观不应有过大的分歧。所有伟大的宗教和文化都有很大的共通点。[6] 在世界上绝大部分地区，大多数人在大多数时间都会善待彼此。然而不幸的是，个人也可能会恶毒地对待他人，摧残他人，向他人施虐，但是这样的情况都是特例（即使它们构成了媒体报道内容的大部分）。我们不应该因为特例的存在就否认，大多数情况下，符合伦理的交际就是我们日常生活中的规范。

第二，即便不同学者具体表述伦理的方式会有差异（当然会有差异），但是这并不会影响伦理的要求的真实性。这种要求不是由多数人投票决定的，也无法被任何政府废止。因不同文化、不同时代而有所不同的，其实是勒斯楚普所谓的道德要求。勒斯楚普对"道德"和"伦理"做了区分："从绝对的伦理的要求中，无法推导出法律、道德、习俗规定。伦理的要求是无声的……正义、道德、习俗都只是棱镜，而伦理的要求是透过这些棱镜传播的，所以权利、道德、习俗可以提供指引，同时也可以引起误解。"[7] 从词源上讲，道德和伦理的意义并不相同。"伦理"（ethics）一词源自古希腊语，而"道德"（morality）一词则源自拉丁语。许多哲学家都对这两个概念做出了细致的区分，以突出普适伦理和变体伦理间的差异。勒斯楚普用"伦理"来指普适的伦理的要求。和各种各样的道德要求（比如行为检点、礼貌等）不同，伦理的要求是先于文化存在的。伦理的要求是生命的一个基本条件，是一个值得坚定站稳的立场，因为伦理的要求虽无法被消除，但遗憾的是能被忘记。而且，在当今这个工具化的时代，人们太容易忘记伦理的要求，因为人的伦理观越来越受到"这事对我有什么好处"这个问题的支配。

在勒斯楚普看来，显而易见的是，我们之所以要按照伦理的要求行动，并不是因为这样做可以获得其他好处。我们之所以按照伦理的要求行动，就是因为这是正确的行动，与我们能从中获得什么或损失什么无关。对于我们越来越关注自己以及自己的需要，总的来说，勒斯楚普是持质疑态度的。勒斯楚普批评了主流的人文观，这种人文观无视人与人之间的相互依存，反而认为人是独立的、强大的、自足的。此外，勒斯楚普还写道："对个人独立性的重视被用来支撑自我形成的合理性，这势必最终导致一种对个性的邪恶崇拜。支撑这种认识的背后思想就是，每个人都是一个只有自己的世界，他人是被排除在外的。"[8]而实际上，每个人并不是一个只有自己的封闭排外的世界。个人实际上是"面向外面"的，面向那些寻求依赖自己的（且自己也寻求依赖的)他人。今天,一些教育研究者会谈到自我塑造(self-formation)这个概念,在这个缺少用普适的道理作为教育素材的时代,这些研究者将自我塑造视为一种理想境界。在勒斯楚普看来,自我塑造是一个特别有问题的概念,借用他精辟的表达,自我塑造很容易导致"对个性的邪恶崇拜"。在我们突出身材美的现代自拍文化里,要找到一些例子来说明自我被以一种邪恶崇拜的方式培养,实在是太容易了。我认为勒斯楚普如果今天还活着,一定会觉得和今天的世界格格不入。也许他会说,实在是太悲哀了,我们这么快就忘记了用普适的道理来塑造自我的必要性。这里所谓的普适的道理,就是伦理的要求和"生命至高无上的表现"——这些都不由个人创造或选择,作为生命中值得坚定站稳的存在主义立场,它们就存在在那里,而构成这一生命的是比我们想象的更恒久的基本现象。

手的伦理

本章的最后,我将着重讨论勒斯楚普关于手的暗喻的认识论内涵。勒斯楚普说的"我们总是会将他人生命的一部分握在手中"一句里,有一个精辟的暗喻,就是"手"。"手"这个词说明了人是积极的参与者,积极地参与到世界中来。"手"可以让个人更加贴近世界和他人(因为我们会接触各种事务和情况),我们也正是通过我们的肉体来体验世界的。我们当然还可以操纵(manipulate,其名词形式"manipulation"就来自拉丁语"manipulus",意为"一手")他人,虽然这种行为卑劣一些。即便如此,在勒斯楚普这里，"手"还与一种对人性和伦理的特殊理解相联系。勒斯楚普要挑战的是"每个人都是一个只有自己的世界"这一观点。而这么做，他就与意识哲学的观点冲突了。意识哲学从十七世纪的笛卡儿开始，历经康德，再到现代脑研究，一直都占据着支配地位。意识哲学的观点是，人由意识定义，由意识对自我之外的世界观察和再现的能力定义。我们曾经认为，具备这些特征的是灵魂；而今天，我们将这些都归因于大脑。但无论是灵魂还是大脑，知识都被诠释为一个十分消极的概念，且人都是从一个很远的距离来观察世界。这样的思想将人转化为物，将人与其他物混在一起。虽然个人也许能够凭借心理（灵魂或脑）将意义和意思曲解为物，但是这样一来，外部世界本身就没有了意义和意思。于是，意义被视为一种主观的或思维的产物，一种并不存在于外部世界的产物。这正是我在前言中称为消极虚无主义的主要哲学思想基础。这种消极虚无主义认为意义在人之内而非人之外，并且唯有内向思考才能找到意义。

勒斯楚普所写的"我们总是会将他人生命的一部分握在

手中"一句，也为我们提了一个醒：严格意义上说，他人是一个行动着且承受着痛苦的存在。他人不是个人的创造，因此个人不能决定他人需要的是什么。这个道理源自个人与他人相互依存的关系，以及这种关系暗含的伦理要求。"手"这一隐喻也表达了要与他人直接接触，而不是与个人所持有的关于他人的概念（即个人意识里的一种主观概念）接触。在下一章中，我们将会看到，可以这样来理解"爱"的内涵：爱缘起于一种不易的认识，即认识到他人确是他者，而非只是自我的倒影。通过将"手"置于个人与世界（包括他人）之间的关系的中心，勒斯楚普指出了生命中的一种直接性。如果我们接受了个人用"手"与世界互动（包括个人的用"手"习惯）这个前提，就几乎无法理解，为什么会有关于外部世界和他人意识的真实性这样的经典哲学难题。其实，这些难题源自这样一种思想，认为我们出于某种未知原因将人"关"在了自己的意识或大脑中，还断言我们对于世界的认识只有我们经历的那部分。但是这种思想是错误的，因为我们确实是在直接地认识世界，通过用"手"接触来认识。

还有一个观点，也用到了"手"的暗喻，与我们这里的讨论相关。哲学社会学家理查德·桑内特一直都对工匠精神情有独钟。虽然在今天这个工具化时代，这种传统实践在很多方面都受到了威胁，但桑内特依旧强调，工匠精神可以为一种更广泛的对伦理的认识提供基础。他在一本书中，将工匠精神视为一种存在主义和伦理意义上的理想。根据他的定义，工匠精神是基于一种想把事情做好的欲望，而这么做的目的纯粹只是把事情本身做好。[9]所谓匠人，无论是外科医生，还是木匠、程序员、教师，都全神贯注于他们所做之事。桑内特在讨论过程中，对工匠精神做了一个十分宽泛的定义：一种有一定优秀工作标准的创造性的实践——初入行者必须遵照这样的标准进行操作，并最终达到这样的标准。然而，通常都会认为，人们工作的动机是金钱或者个人发展。但无论金钱还是个人发展，它们都不是手上的工作本身，一切都变成了工具性的活动。这样做虽然无可厚非，但桑内特认为，匠人想要产出优秀的手艺作品的纯粹欲望背后，有着更深刻的意义。和勒斯楚普一样，桑内特认为，正是对存在于匠人之外的他者的存在的承认，赋予了匠人的行动以内容和意义。"将他人生命的一部分握在我们手中"的同时，也将伦理的要求放在了我们的肩上。"将一件工艺精美的作品握在手中"也是这个道理。这件作品的存在提醒我们：在我们之外存在着一个东西，我们必须按照高质量的实践标准，以一种特定的方式对其做出回应。工匠精神代表了人参与到事物中的能力，也预设了匠人会勇敢向前、面向他者、拥抱世界。参与到世界中，参与到他者中，是一种根本的伦理意义上的理想，而这就是勒斯楚普描述的伦理的要求。这种要求给了人类一个重要的值得坚定站稳的存在主义立场，一个除非被毁灭，否则无法将其工具化的立场。

第七章

爱

爱是一种极其不易的认识,认识到自我之外的他者是真实的。

——艾丽丝·默多克(1919—1999)

很少有哲学家能在写作中同时融合智慧和美感,而艾丽丝·默多克就是其中之一。她是我最喜欢的哲学家之一。她对各种哲学和心理学的主题都有精准和深刻的把握,但她最为人所知的,可能还要数她的小说,从1954年到1995年,她写了超过25本小说。电影《艾丽丝的情书》(Iris)让艾丽丝·默多克成为家喻户晓的人物,其中,凯特·温斯莱特饰演年轻的默多克,而年长一些的默多克则由朱迪·丹奇饰演。这部电影没有讲她的哲学(至少没有直接讲),而是讲了她和当了她多年丈夫的约翰·贝利那有点另类的爱情故事(艾丽丝情史很丰富)。该电影还特别讲述了她因阿尔茨海默病身体逐渐衰退,最终死亡的经历。

默多克是爱尔兰人,但她选择在牛津和剑桥学习哲学,1948年开始在牛津做研究员。在20世纪60年代,默多克成了一位全职作家,但仍然坚持哲学创作。她的代表作《作为道德指南的形而上学》(*Metaphysics as a Guide to Morals*)于1992年出版。早些时候,默多克还写过存在主义者让·保罗·萨特(1905—1980)。尽管她明显表达了对萨特的尊重,但对于萨特的存在主义理论提出了相当的批评。在某种意义上说,这就是她写作的一个"主基调"。在默多克看来,存在主义的问题在于,在这种思想下,生命被描写成了一系列抉择,这些抉择赋予了个体太多的权力去决定事物的意义。萨特将世界分为自在的存在(赤裸无意义的东西)和自为的存在(人类意识)。萨特最有名的一句话就是"存在先于本质",也就是说,是抉择和行动赋予生命以形式。因此,在萨特眼中,普鲁斯特是一位伟大的作家,是因为他写了伟大的作品,而不会是因为他是伟大的作家,而写出了伟大的作品。意识不是具体的东西,而是从抉择和行动中显现的。"存在"(exist)一词的拉丁语词源的意思是"出现",而正是通过对"主体出现(存在)"的意识,意义、目的、价值才来到这个世界上。因而，存在主义也成了一种主观主义，在这一思想下，只有个人对价值观进行抉择，才意味着主体有价值。在萨特看来，人的思想立场是被抉择的或被创造的，而默多克则认为，在相当大的程度上，这些立场都是被赋予的，即可以由人们慢慢意识到并发现。因此，占据默多克思想中心的不是"选择"，而是"关注"。这种思想也体现在他对于道德事件的分析上。默多克写道，如果我们对身边的事情足够关注，就不会做出所谓道德的抉择，因为需要做什么是不言而喻的。[1] 所以要做一个善人的第一步，不是选择这个或那个，而是付出关注，关注他人，关注世界，关注那些不同组织所呼吁的行动，而不是把关注的重点放在自我身上。

善的至高无上

艾丽斯·默多克是为数不多的到了二十世纪还重提柏拉图和古希腊哲学家的人之一。在柏拉图的理论中,她找到了一种对超越主体的现实的认识,更重要的,还有对一种求善力量的颂扬。这种力量,借用她自己在 1967 年发表的最有名的一篇哲学论文的标题,就是"善的至高无上"。[2] 在默多克看来,善是一个至高无上的概念,因为对于其他的道德概念,我们总是能问:"但这样真的是'善'的吗?"例如,说"我们应当公正"是没错,但是公正就总是"善"的吗?这个问题意味深远,因为要做到公正也许就会与要照顾所爱之人发生矛盾。我们应当说真话，但是说真话就是"善"的吗？这个问题一样意味深远，因为很容易想到，在很多场合下，说谎有可能在道德上是必要的。当我们将善定义为某种具体的东西（用"XX"表示），那么我们一定会在前面加上"善"字，即"善的XX"。但是反过来，如果问善（的东西）是不是"善"的，就是一个没有意义的问题，因为单从定义本身来看，它就已经是"善"的了。于是，在默多克看来，对于人类而言，关于"善"的内涵，必然存在某种我们无法定义的且在一定程度上无法理解的东西。"善"具有一种超越我们理解的现实。但每当我们在具体的场景中意识到"善"的存在时，我们就能够认识到什么是"善"的。

默多克很善于对这些场景进行具体描写。例如，她有一个著名的哲学寓言故事：有一个婆婆起先不喜欢她的儿媳，因为她觉得年轻的儿媳既没教养又没礼貌。但是因为婆婆自己的修养好，她对待儿媳好到无可挑剔。慢慢地，她对儿媳有了新的看法，她认为儿媳是一个活泼、自然、风趣的人，且对她儿子而言，是一个特别好的伴侣。这位婆婆身上并没有什么明显的改变，并没有在像萨特说的那种外部行动或存在的抉择上发生什么改变。在默多克看来，这个故事表达的就是婆婆付出了更多的关注，并将自己从她的偏见和孩子气的嫉妒中解放了出来。这个故事围绕的是这么一个核心思想：这不是一个主观抉择视角的问题。在默多克看来，存在一种认识儿媳的视角，一种在道德上更正确的视角，因为这种视角没有被主观欲望和动机所蒙蔽。一旦故事里的婆婆开始以一种不那么有偏见的眼光来看待她的儿媳，并对其付出更多关注，她就能更好地看清现实。在默多克看来，这就是最重要的道德德性。原则上，默多克认为，科学研究和道德理解之间并无差别，两者都要对世界付出密切的关注，并且超越个人的主观性。

这样的例子可以让我们对善有一个简单初步的理解，但是还无法对构成善的内涵有一个充分的理论认识。默多克写道，如果存在天使的话，虽然天使能够定义何为善，但是小小的人类无法理解天使的定义。因此，善成了一种形而上的概念，有点类似于柏拉图在著名的"洞穴寓言"中关于太阳的思想。柏拉图想象人们被困在了一个洞穴里，而洞里的人唯一知道的现实是在一团火光映照下投射在墙上的影子。洞穴墙上不同形状的影子只是对洞穴之外世界的粗略描摹，而洞穴之外的一切是由炙热的阳光照亮和滋养的。然而，尽管柏拉图也是用寓言的方式讲"善"，默多克关于人性与善的联系的故事，相比之下要更加贴近真实的经验。无论你是否认同默多克的这种具有强烈柏拉图色彩的道德实在论（即善是存在的），但只要仔细想想，你就很难不接受默多克的这一具体观点：在我们的经验中，善的存在先于并独立于个人的意愿和经历。我们无法自己直接决定什么可以算作"善"，我们也不能直接选择应当被视为"善"的东西。相反，存在着一种什么是善的真理，这种真理超越了我们的主观视角。这就是默多克道德实在论的本质。起先，这种思想在哲学界一直不受欢迎，直到二十世纪晚期，被著名思想家查尔斯·泰勒和约翰·麦克道威尔接受后，这种局面才改变。此外，我们还可以在默多克和勒斯楚普之间找到一种联系，因为在他们的思想中，道德（即勒斯楚普所说的伦理）都表现为一种来自外部的且不由个人所创造的要求。

自我之外的他者

默多克的许多小说都是关于爱的,而爱也是她哲学中的一个关键话题。因此,我决定通过默多克来引出本章的论点:(恰当理解的)爱是一种存在主义的立场,除非被毁灭,否则无法被工具化。对默多克来说,爱是一个相当宽泛的概念。她是这么描写爱的:"爱是对个体的感知。爱是一种极其不易的认识,认识到自我之外的他者是真实的。"[3] 默多克强调了"感知"的重要性(其他地方,默多克会用"关注"一词来表达),并强调了感知自我之外的他者的重要性。关注和爱不只与爱有关,还与知识有关：

> 比如，我在学俄语，碰到了一个相当高级的语法结构，困难到让我肃然起敬。学习任务艰巨，完成目标希望渺渺，甚至也许根本无法完成。我学习的过程就是一个一点点揭露出存在于我之外的他者的过程。我付出了关注，作为回报，我收获了对现实的认识。对俄语的"爱"让我离开了自我，朝着自我之外的他者走去，一个我的意识无法占有、无法吞没、无法否决、无法虚无化的他者。[4]

让我离开自我是爱的必要条件，也就是让他者以他者本身存在，成为"一个我的意识无法占有、无法吞没、无法否决、无法虚无化的他者"。只有当我们接受了在自我之外存在着一个世界的现实，爱才会成为可能。默多克相信，要做到这一点，需要诚实和人性。

当然，人与人之间的爱，与对于一种语言的爱相比会有所不同。虽然从语言学的角度看，俄语明显有其独特的特征，但它并不是个体。而人与人之间的爱是个体之间的爱。我们爱一个人，是把这个人当成一个他者和一个整体去爱〔而且在拉丁语中，"个体"（individual）与"不可分割的（整体）"（indivisible）是同音的〕。把可以被分裂的特征随机组合起来所得到的东西，不是我们爱的对象。按照心理学教授延斯·马门的观点，正是我们对于实物的感知，将我们与动物（或者说其他动物）区别开来。[5] 我们知道，存在着独特的物与人，穿梭于时空之中。即使是两种在性质上相同的物或人（例如同卵双胞胎），依然是不同且独特的，无论两者有多少相同的属性（身高、体重、个性特征、智商等）。很有可能在我们所爱的人之外，还存在一个人，更强壮或更苗条、更聪明、更高挑或更矮小……但是爱并不是基于这些特征中单独的某一条，也不是基于这些特征的总和。

按照这种理解，像婚恋网表达的当代关于爱的概念是存在问题的。在这种网站上，自我被呈现为一种不同品质的组合，这些品质或多或少都可以被量化。人们寻找能够满足一系列需求的伴侣，但是这么做就将他者贬低为其属性的总和。除此以外，这些属性总是有增强的空间，因此很有可能会再出现一个拥有更好属性的人。按照默多克的理论，真正的爱是留给无法被其他东西直接代替的东西。让我来举一个有点俗套且煽情的例子。在我们家里，有一把旧摇椅，破旧得连扶手都经常掉下来。这是一件有情感价值的传家宝。要买一把新椅子，一把在属性上更好的椅子，是件很容易的事。但是这样一来，它就不再是原来那把旧椅子了。我们都爱那把旧椅子（至少我的妻子很爱它），把它当作一个独特且无可取代的个体——我们爱的不是这把椅子属性的总和。

自我的爱

今天,爱自己已经成为一种教条式的格言,这一点体现在无数类似"爱你自己"书名的励志书中。这类书的一个典型特征就是,都认为人应当接受自己,且不要一直苛责自己。然而,在我看来,将爱的概念用在自己身上是有问题的。因为如果默多克说的是对的,那么严格意义上说,我们不能爱我们自己。所谓的爱,指的是让我离开自我,关注自我之外的他者。因此,爱包含着忘记自我,即你将自己奉献给自我之外的他者。你无法将自己奉献给自我,就像你没法跟自己借钱一样。按照默多克的理解，要爱，就要预设一种与他者的关系。这一点也适用于爱的"情色"层面。你当然可以和自己发生性关系，但是其间经常（或者总）会存在一个想象中的他者。所谓的爱，包括性层面的爱，都需要自我之外的他者的存在。

《圣经》里说，我们应当把邻居当作自己一样去爱。如果把这句话解释得跟那些励志鸡汤一样（也就是爱自己可以是一种手段，帮助我们获得幸福或提升自尊以获得别人对我们的爱），那我就真的很不理解了。这样的爱听起来就像是一种被工具化了的爱：爱他人的目的是自己被爱，而且要爱自己他人才爱你。这就将爱变成了以物易物式的关系，变成了一种交易，这肯定不是这句话想表达的意思（至少不是《圣经》想表达的意思）。那些励志鸡汤界的人，为了证明他们的观点，常常会用到这个例子来打比方：飞机上的乘客都会收到指令，在机舱气压下降、氧气面罩落下的时候，先戴好自己的面罩，再去帮助孩子戴上面罩。尽管在失压的机舱内，按照这一指令行动一定是明智的，但我认为这种情况不足以描写人类的爱,至少按照默多克坚持的说法(认为爱就是认识到自我之外的他者是真实的)是行不通的。而且,用这种场景来比喻我们今天真正面对的困难也是有误导性的。用比喻的方式讲,当代很多人选择了坐在自己的座位上,戴着自己的氧气面罩呼吸(这里把正念和自我发展比喻成氧气面罩),但从来没想想,驾驶舱里是否真的还有飞行员,或者飞行员是否都已昏迷。我们都太过专注于帮助自己,以至于忽略了我们作为部分所构成的集体,以及威胁集体整体发展的主要社会问题。要关注这种集体(社会以及社会问题),就需要默多克所谓的"爱"。本章的题记引自默多克,而题记后面的文字是:"爱(还有艺术和道德)就是发现现实。"[6]但是很多人好像更关心发现自己,而非发现现实。或许是他们错误地认为自我就是现实。

今天,很多人认为爱是一种情绪,不然,爱还可能是什么?基于这种认识,我们培养社会学家安东尼·吉登斯所谓的"纯粹关系",这种关系只有基于(积极)情绪时,才是成立的,而一旦这种感觉消失,这种关系就不再成立。也许，社会精英一直都有将关系单纯建立在情绪上的特权。伯特兰·罗素讲过一个故事。1901年的一天，他外出骑单车，突然冒出一个想法：他不再爱他的妻子了（他一共结过四次婚）。于是，他骑车回家，把这种想法告诉了妻子，还告诉她自己想要离婚。在这个例子里，爱情被定义为一种感觉，一旦感觉没了，爱也就没了——逻辑上没有问题。但是如果爱不是一种感觉呢？如果爱是一种与你之外的他人（或他者）的关系，一种也许会自然引起各种情绪（迷恋、喜悦、愤怒、妒忌）的关系呢？在这种情况下，如果还要将爱等同于一种感觉，我们就会将生命中最重要的东西之一建立在一个错误的概念上。默多克写道："爱是一种极其不易的认识，认识到自我之外的他者是真实的。"就其措辞来说，默多克用的词是"认识"（realisation），而不是"感觉"（feeling），因为爱不能由某种情绪或感觉来定义。如果爱可以用情绪或感觉来定义，那么也就意味着，一旦某种感觉不在了，我们也就不再被爱了。相反，爱所包含的，是将超越自我的关注付之于他者。

那么，默多克为什么要说"认识到自我之外的他者是真实的"是一种"极其不易的认识"呢？因为"如今"（默多克写这句话时的1959年），人们生活在一个越来越执迷于自我的时代，许多完美的词（例如信任、价值和爱）都面临着一种威胁，即越来越多的人喜欢在这些词前面加上"自我"二字。当然，要不断地对他者付出超越自我的关注，是一件不可能实现的事。用默多克自己的话说，这只有天使才能做到。但是我认为，这依然可以作为我们努力去实现的一种理想。如果爱被视为一种感觉，这就完美地贴合了普遍将生命工具化的现象，而这种现象正是本书要揭露和批判的。因为按照这一理解，只有当他人为我们带来某种积极的感觉时，他人才会被认为是有价值的。这样一来，他者就成了实现自我幸福的工具。著名心理学家卡尔·罗杰斯在他1970年出版的那本关于关系的书里说，人与人之间的关系要想维系，就必须存在一种他所谓的"促进每个人成长的经历"，[7]但要是我们所爱之人病入膏肓了怎么办？要是无法保证和他在一起，不能促进自己成长，又该怎么办？默多克提醒我们，爱不是一种感觉，而是纯粹的一种对自我之外的他者的关注。因此，我们不应该把力气放在爱自己上，因为这样做会适得其反。还有，一旦爱被工具化，就不再是爱了。"我爱你，所以你也要爱我"这句话，毫无价值可言。The Georgia Satellites 乐队的丹·贝尔德曾唱道："我爱你，就这样。句号。"这句歌词也是这首热门歌的名字。同样地，我也想说："爱必须是无条件的，就这样。句号。"只有这样，才能不让爱沦为工具化洪流的一部分。

第八章

宽恕

宽恕不可宽恕的,才是宽恕。

——雅克·德里达(1930—2004)

雅克·德里达是一位具有原创思想和影响力的法国哲学家，但经常被视为不可一世、口无遮拦。更多人则会说，他是一个特别和蔼可亲、慷慨大方的人。他的思想特别具有争议性，并引发了无数学术争议。1992年，他获得剑桥大学荣誉博士的提名，但是几个一流的哲学家都提出抗议，将德里达称为学术界的江湖骗子，称他只不过是一个破坏分子，承袭了荒唐的达达主义艺术运动的传统。最后投票的结果是，336票赞成，204票反对，德里达胜出。那些投赞成票的人主要来自文学和美学领域，哲学领域的人都投了反对票。

那么，这些人为什么要对这么一个亲切友善的法国哲学家抱有这么大的敌意呢？德里达的思想经常是破坏性的、解构性的。就拿他的著名口号"没有外在的文本"(il ny a pas de hors-texte)来举例吧。这句话经常被误译为"文本之外无他物"。这个错误的译文十分偏激,因为它似乎在暗示世界上的所有事物都是"文本"。换言之,世界上的所有现象,包括物理的、化学的、生物的现象,都是"文本"而不是"物质"。但是正确的译文避免了这种误解,因为它(并不怎么偏激地)强调了所有"文本"(即各种形式的有意义的内容)有意义的前提是与其他"文本"有关系。像"母亲"这样的词,作为一个孤立的语言表达,本身并没有什么意义,而只有将其同"父亲""孩子""妇女"等这样的词关联起来时才有意义。弄清不同表达间的关系以捕捉其意义,这就是解构主义的"大工程"。[1] 他认为,单一的元素只有在一个更大的结构里才有意义,且文本只有在语境里才有意义。然而,作为后结构主义学派的学者之一(甚至是主要人物),德里达摒弃了存在一种赋予意义的固定结构的思想。按照德里达的后结构主义思想,单词、短语、标志、符号都有固定意义。用德里达自己的话说,这种意义"永远是延迟的",处在无休止的一个能指(signifier)指向另一个能指的锁链之中,其真正的本义永远无法被找到。所以,我们永远无法获得对于一个词、一组短语或一篇小说的实际(真实)意义的终极理解。这也就让虚无主义(即对意义本身的怀疑)成为后结构主义要面对的永恒威胁,而这也正是绝大多数批评德里达的人批评的点。"解构"这个术语,用来指一种(后结构主义的)文学理论和哲学活动,旨在展现事物的意义并不是固定的,并在适当的地方解释出不同的含义。就其自身本质而言,"解构"永远无法完成,而是一个永远在进行中的活动。这在德里达看来,十分符合伦理和政治的规律。按照西蒙·克里奇利的说法,可以把"解构"理解为一种伦理的阅读方法,对抗着我们这个时代里各种自恋的自我意象和已经确立的真理。[2]

尽管受到诸多批评,德里达并不是一个只想闹着玩、搞破坏、没有责任心或者孩子气的思想家。相反,他是一个高度强调伦理的思想家。他强调的理想之一就是正义不能被解构。从某种意义上说,这是他对于虚无主义的抗争。能被解构和细致分析的事物,哪怕对于德里达这样"解构"学派的教父而言，都是有限的。然而，一边是德里达对我们关于何为真的思想进行解构，一边是上一章中艾丽斯·默多克对他者（以及自我对他者的关注）的强调，这两种思想之间似乎出现了一道巨大的鸿沟。我并不想对这样的鸿沟视而不见，但是我认为，德里达的思想同其他思想家（例如伊曼努尔·列维纳斯）的思想之间的距离，要比那些攻击他的学者们所声称的近得多。列维纳斯和勒斯楚普的思想基本相当。他们二人关注的重点都是人类由于遭遇他者（用列维纳斯那尤为形而上的话说，就是"面容"）而产生的伦理经历。本书中，我想按照自己的理解，将德里达诠释为一位存在主义的思想家。

爱与不可宽恕

上一章讨论了爱是一个需要坚定站稳的立场。爱与需要宽恕常常联系在一起。有一首老歌中有句词是这么唱的:"你总是伤害你爱的人。"我们能够努力宽恕那些伤害我们的人,哪怕像这首歌里唱的那样,他们是因为(被误解了的)爱而这么做。当人和人的生活交织在一起时,就总会有充足的机会伤害彼此。正因如此,宽恕才变得很重要。那么,一切都可以宽恕吗?一切都应该宽恕吗?总有一些极端情况考验着宽恕的极限。丹麦电影导演尼尔斯·马尔姆洛斯新拍了一部电影,名为《悲喜人生》(*Sorrow and Joy*),主题是成人生活中的爱。这部电影集中讲述了导演生命中的一个悲剧事件:他的妻子患有精神病,一次妻子从医院回家,杀死了他们9个月大的女儿。几十年过去了,这对夫妻依旧生活在一起,而且就住在发生这场悲剧的房子里。有一句话是这么说的:"爱能征服一切。"如果这句话由马尔姆洛斯来说,要比其他所有人都更有说服力。正如他在一次采访中所说:"因为我知道,这样的事会发生。"[3]爱能征服一切,但与此同时,发人深思的是,马尔姆洛斯否认了这部电影的主题是宽恕,尽管经常有人这样诠释它。他说道:"既然没有罪过,也就谈不上宽恕。"[4]显然,马尔姆洛斯认为自己的妻子是无辜的,那个犯下杀人罪的不是她自己,是她的病让她无法控制自己的行为。

然而,我们不禁要问自己,如果没有精神病的因素,发生这样的事,马尔姆洛斯(或者我们)会如何回应呢?没有人知道,但是很难想象宽恕能被当成一种选择。简单来说,总有一些事情是无法宽恕的。或者,这种无法宽恕的事情真的存在吗?这里,我们需要借用德里达对宽恕现象的独特分析来回应这些问题。简单来说，德里达的主张是，只有无法宽恕的事情才能够被宽恕，或者用他自己的话说就是，"宽恕只宽恕不可宽恕的"。[5] 这其中的道理也很简单：既然可以宽恕，那么就没有必要去宽恕了。只有无法宽恕的，才需要宽恕。因此，宽恕想要成为"可能"，只有靠它的"不可能性"，或者反过来说，正因为宽恕"不可能"，宽恕才成为"可能"。

这不是文字游戏，而是对一种根本的人类现象的深入观察。这句话反映的正是哲学里的"悖论"（aporia）。"Aporia"一词的希腊语词源意为"迷惑"或"费解"，表示一种矛盾的死结或僵局。只有通过行动（而不是进行更多的分析）才能解开死结。换言之，除了宽恕，我们别无选择。按照德里达的说法，（真正的）宽恕是没有目的、没有理由的。它避开了所有对实用价值和目的的计算，按照本书中的基本概念来看，它就是目的本身。如果宽恕成为实现其他目的的手段，那么它也就不再是宽恕了。

在德里达关于主体性的文章里,他深入讨论了废除种族隔离制度后的南非在重建一个新国家的过程中与其他地方之间和解的过程。当然,德里达对这样的过程没有什么意见,他要讲的是,在这样的背景下谈宽恕会误入歧途。德里达认为,如果将宽恕工具化,以加强社会凝聚力或停止复仇攻击,那么宽恕也就在一种交易的逻辑中沦陷了,即宽恕别人是为了得到回报。真正的宽恕(也就是对不能宽恕的事情的宽恕),并不是为了得到什么回报。宽恕是无条件的,而问为何如此是没有任何意义的。因为,如果不将宽恕工具化并否定这样做的任何意义,几乎是不可能回答这样的问题的。我们也许希望去宽恕,为的可能是让自我感觉更加良好,或者为了修复一段关系,或者为了重新开始,但在这种情况下,宽恕就要以一种外在目的为条件,而按照德里达的定义,这样的宽恕也就算不上是宽恕了。无条件的宽恕是存在的(德里达如是说),而它的存在是为了证明存在一种现象,一种不能用除本身之外的事情进行合理化的现象,从而否定了工具化的逻辑。所以,真正的宽恕是一个相当容易引起争议的概念,因为它挑战了一般人对合理性的认识。

不止宽恕本质上是"悖论的"（即具有"悖论"或矛盾的困惑的特征），德里达对于"好客"的著名分析也是类似的，我们只能对不受欢迎的人才能做到"好客"。如果某人被邀请，受欢迎、受待见，那么我们就没有什么表现出"好客"的理由了。"好客"就意味着，一个人主动打开家门，放弃对自己空间的控制权，对着客人说："请您随意些，就像在自己家一样！"我们还可以用宗教来举例说明"悖论"。我们可以说，我们唯一可能相信的是不可能相信的东西。如果有什么本身是可信的（例如，"2+2=4"，或者"伦敦是不列颠群岛上最大的城市"这句话），那么我们要相信它无须费吹灰之力。这样的东西，我们称为知识。但是要相信耶稣是童贞女之子，或者要相信永生，就是完全不同的一种情况。这关乎信仰。这样的现象也否定了工具化逻辑。我们不应该为了实现某些具体的目的（例如为了更受欢迎）而好客，也不应该为了获得健康和长寿而信仰宗教，哪怕它们之间确实存在一种统计学意义上的相关性。我们应该为了好客而去好客；我们应该为了相信而去相信；我们应该为了宽恕而去宽恕。

德里达对宽恕的分析，给了我们两点启发。第一，真正的宽恕是无条件的。宽恕无法成为实现其本身之外其他目的的手段，除非宽恕已经不再是宽恕；第二，只有不可宽恕的，才能够被宽恕。凡是可以被宽恕的，都能够被接受和理解，而无法被宽恕。反过来说，真正的宽恕，就像马尔姆洛斯那种，要让人接受且理解，是很难实现的。今天，我们对于人际关系的理解，常常是以互惠精神和对称关系（即像"一报还一报"这样的关系）为基础。在推翻这种基础的方式上，宽恕的概念比起本书中其他任何存在主义立场都更加清晰直接。德里达假想了一个人会这么说："我会宽恕你，条件是当你乞求宽恕时，你已经变了，不再是同一个人了。"但只要有条件存在，就不可能有真的宽恕。

因为宽恕这一概念深奥难懂，德里达将其描绘为"不可能的疯狂"。也可以将其称为"基于伦理的疯狂"，它与病理学意义上的"疯狂"大相径庭。之所以将宽恕称为一种"疯狂"，是因为宽恕超越了功利主义的精打细算和极度理性。几乎所有当代所谓的各种宽恕，都与德里达所谓的宽恕格格不入，因为这些所谓的宽恕都是理性的和可理解的。经常有人告诉我们要为了实现某种目的去宽恕。例如，《宽恕的初学者指南》(The Beginner's Guide to Forgiveness)一书的作者杰克·康菲尔德，就特别痴迷于这种思想：我们一定要去宽恕，因为这样做对我们有好处。他的网站上这样写道：

> 杰克·康菲尔德探索了为何在个人和整体层面，宽恕对我们的健康和幸福都至关重要。他还探索了如何帮助您开启这场永恒的修炼，将您情绪上的伤口转化为治愈和理解的力量。通过引导式冥想和世界上各种学派的真知灼见，杰克将向您展示，我们该如何修炼宽恕，把宽恕作为一件礼物，不仅是给别人，而且是给我们自己的礼物。[6]

首先，通过宽恕来实现一些积极目的这件事本身没有错，但问题是，如果宽恕的价值取决于我们是否能从中得到好处，那么我们是否忽略了这种宽恕根本站不住脚这一问题。话虽如此，要让宽恕没有其本身之外的目的，同

第八章 宽恕　　143

时实际产生有益的效果，也是有可能实现的。丹麦广播电台主持人艾谢·杜杜·泰佩曾谈起她宽恕施暴父亲的经历，而她宽恕的方式和德里达的观点不谋而合。当时的她正准备去机场接她父亲：

> 当时我站在那里，看着他孤零零一个人站在凯斯楚普机场，我真的有一种"这什么情况"的感觉。当时天很晚了。他并不知道我打算去接他，而我眼中都是他孤身一人的模样。这真的太符合存在主义了，因为故事的最后，我们都是孑然一身。我原来一直把他看作一个大人，身体强壮，一言不合就动拳头的那种人，但是突然，他有了一个新的存在。我当场就宽恕了他——从那一刻开始一直到永远。这并不是因为他对我做了什么，当然，我不会接受他曾对我做过的事。这只是单纯的对于一个人的宽恕。[7]

这就是没有计划、没有算计、自然而然的存在主义意义上的宽恕。这种宽恕本身没有其他目的，说发生就发生。这种宽恕不是一种有意识的选择，却会产生积极的效果。

"事实上,这就意味着,那时的我有能力与我的生命和解,"艾谢·杜杜·泰佩说道,"这是我生命中最棒的经历之一——从来没想过宽恕,但却宽恕了。"她这个故事讲的是信任,但也完全符合艾丽斯·默多克对"关注"的伦理意义的强调,通过关注(作为纯粹人类的)他人,宽恕才成为可能。

宽恕与非对称的伦理

德里达的分析中,包含了一种对伦理中所有互惠和对称关系的绝对否定。这种否定也体现在列维纳斯和勒斯楚普的分析中。他们二人对伦理要求的分析都强调了伦理的无条件性。我们做善事或者宽恕别人的基础不应该是期待别人做出相同的回报。而我们之所以要这么做,是因为这样做本身有意义。在《伦理的要求》一书中,关于伦理要求的单方面性,勒斯楚普写道:"这种要求的单方面性源于这样一种理解:个体的生命是一种绵延不断的恩赐,因此,我们永远不能到最后又反过头来为我们所做之事要求回报。"[8] 很难想象，还有什么能比这句话更加清楚地解释这种非对称性，同时，也很难想象，还有什么能比我们这个时代猖獗的工具化思想更加脱节的。"个体的生命是一种绵延不断的恩赐"这句话虽没错，但是本书探讨的宽恕以及其他立场并不应该被视为恩赐给自己的礼物，因为这样做，会将这些立场的价值贬低为主观上对某些需要的满足，并因此忽略它们的内在价值。

第九章

自由

构成自由的,主要是责任,而不是特权。

——阿尔贝·加缪(1913—1960)

纵观历史，在哲学讨论中，很少有比自由更热门的话题了。对自由的争论可以说包含了两条哲学轨迹。一条讲的是"自由意志"。人有能力按照自由意志行动，还是说人只是受到自然法则控制的复杂机器？人自由行动的经验（例如，按菜单点菜，或是做像抬起胳膊一样简单的动作）是否只是一种幻觉？令人惊讶的是，许许多多的哲学家和科学家都已经为决定论（即认为自由意志是幻觉）背书。在过去，决定论大多源于物理学上的一些观点（世界上的一切本质上都是物理物质，按照因果的原则运行，人也不例外），以及心理学上的一些观点（儿时的经历决定人的选择）。然而，今天更常见的观点则来自神经科学。这些观点声称，人的行为被随机决定的大脑进程驱使，因而彻底否定了自由意志。

这一主流观点令我不解的是，在纯学术层面，决定论很可能是一个可信的理论，但是要按照这样去活，是完全不可能的。道德、法律、民主，某种程度上都建立在这一基础上，即人类是有责任感的行动者，具有自由意志，因而才能为自己的行为负责。如果人没有自由意志，那么，要惩罚他们就显得很不公平；同样，要褒奖他们也显得很没意义。当然，也许还可以这么说，既然执行惩罚的行动是被决定好的，那么也许人不应该为其不公正的法律实践负责，这更加证明了，否认自由意志的可能性是多么荒谬。各种各样的人际互动都是建立在这样一种思想上：在很多（但不是所有）情况下，人具有自由行动的能力。换言之，这些人本可以做不一样的事，但是他们没有那样做。在法律案件中，如果一个人在案发时"不是他自己"，就会用到对精神不健全者的辩护。摒弃了这一存在主义的原则（即人能够自由行动），也就瓦解了（现实中）生命的基础。类似地，在讨论尊严的那一章中，基于对康德的讨论，我提出，我们不能在我们的行动是注定的这一前提下生活。从存在主义的意义上说，我们必须预设自由的存在，否则一切都毫无意义。

正如康德指出的那样，也许我们最终永远都无法决定我们是否真的有自由意志，但即便如此，我们在实践中依然可以"认为"我们是自由的。这样就够了，因为这就意味着，我们都可以成为康德所谓的"目的王国"的成员，与彼此相联系，因而都可以拥有有意义的生命。

第二条哲学轨迹与意志的自由无关，而是讨论个人的自由。它的关注点并没有太放在关于宇宙本质以及自由意志是否存在这样形而上的问题上，而是更多地围绕在一个政治哲学性更强的问题上：一个自由的人意味着什么？这是一个老生常谈的问题，且总是与整个社会的发展息息相关（例如，在法国大革命期间，人们在"自由、平等、博爱"的旗帜下斗争）。美国哲学家约翰·杜威（1859—1952）曾经冷冷地评论道，人们以自由的名义为许多事斗争过，但是从来没有为形而上的意志的自由斗争过。[1] 然而实际上，人们经常为某种具体形式的自由斗争，包括言论自由、宗教自由、集会自由、结社自由。在本章中，我将沿着第二条轨迹，将自由视为一个存在主义的立场，对其进行分析。比起形而上的那条轨迹，这条轨迹更加切实，更贴近政治，但是这并不意味着它更容易理解。几乎所有人都会赞同，自由对人而言有根本性的价值，但是对于自由实际的内涵没有什么共识。哪种自由才是值得争取的？或者，哪种自由才无法被当成一种手段去实现其他目的？这个问题的答案，难免会受到我们对人类本质理解的影响。

一个悲剧的存在主义者

在讨论自由时,出于很多原因,一定会想到一个很有意思的人——阿尔贝·加缪。他在一场车祸中不幸离世,而我写作的今天正好是他的忌日。就在五十五年前的这一天,他选择和他的出版人一起,驾驶最新款的法希维佳 HK500 跑车,而不是和家人一起搭乘火车。事故发生之后,在他的上衣口袋里,找到了一张没有检过的火车票。可以说,加缪的离世象征了他哲学中的一个关键主题:生命的荒谬。在加缪看来,一切都没有意义,但是人们还乐此不疲地努力创造意义,而这种努力最后势必是徒劳。他的哲学表达在他的文章和他著名的小说中,并因此获得了1957年的诺贝尔文学奖(第二年轻的获奖者,仅排在吉卜林后面)。他的哲学讨论的是生命的悲剧和荒谬。他将西西弗斯的神话故事进行了著名的再叙。每一天,西西弗斯都会把一块沉重的石头沿着山坡推向山顶,他这么做没有什么特别的原因,只是为了第二天把这个过程从头再来一遍。西西弗斯做的就是没完没了地推这块石头,而这项任务没有终点,很像是贝克特戏剧中的等待戈多。尽管加缪将西西弗斯没有终点、没有意义的劳动视为一种对生活的影射,但令人不解的是,加缪还是想象西西弗斯是幸福的,因为他有尊严地接受了自己的命运。在加缪看来,活着值不值得是一个基本问题。他在写西西弗斯的书里写道,真正严肃的哲学问题只有一个:自杀。确定活着是否值得是哲学的基本问题。

有时,加缪会与存在主义的教父让·保罗·萨特一起被讨论,但是这两人之间存在明显的差别。萨特否认人类本质,认为"存在先于本质",换言之,人不受制于任何关于其自身的真理，而是通过自身的选择和行动，自由地创造自我。在讨论爱的那一章中，我们看到，萨特还相信，个人正是通过对价值观的选择来创造价值观。这是一种激进的选择，不是在 A 与 B 之间进行选择，而是对"在 A 与 B 之间进行选择"这件事究竟是否有意义进行选择。然而，与萨特激进的存在主义大相径庭的是，加缪认为价值"源于人的内在人性"，且"在人的本性中，存在某些永恒且普适的价值观，即使这些价值观并不一定已经被具体化"。[2] 在他看来，价值观并不是由个体自由发挥创造，而是与普遍的人性相关。因此，加缪对于人类的看法，除了让人联想到萨特，也让人联想到古希腊先哲（以及他们对于人之本性的认同，详见第一章）。这两位法国大哲学家之间的关系发展也充满了戏剧性。他们起先是朋友，但最终友谊破裂，其中一个最主要的原因就是，二人的思想起了冲突。

如果说萨特是一个纯粹的存在主义者，那么加缪最好被描述为"一个关注存在的哲学家"。加缪拒绝被归类为一个存在主义者，但是他关于自由的哲学作品和文学作品都显示出，至少他与存在主义者有一个共同的话题。本章的题记选自加缪关于自由的文字，出自他的一篇不太为人所知的文章《面包与自由》(Bread and Freedom)。这篇文章发表于他的一部作品集中，这部作品集还有个戏剧性的名字，叫《抵抗、反抗、死亡》(*Resistance, Rebellion, and Death*)。[3]整部作品集集中展现了加缪的政治和行动主义思想。尽管这里面的文章都是很多年前写的，当时的政治环境也与今日不同，但其中一些文章放在今天依然有现实意义。《面包与自由》一文为人类自由做了长篇的辩解。文章的开头先是批评了两种扭曲的关于自由的概念。一种是西方版的自由概念（与冷战期间的西欧相关）。加缪将其比作一个寡妇，与表亲家住在一起，表亲家只给了她一个阁楼房间栖身，告诉她去厨房没问题，但明确限制，只能看到她的人，不能听见她的声。第二种是东方版的自由概念。加缪也将其比作一个寡妇，这次她直接被关在一个衣柜里，并被告知五十年后她可以出来——到那个时候，理想社会将被建成，她也将因付出的忍耐而获得奖赏。第一种代表的是一种稀释版的自由，而第二种则明显是对自由概念的扭曲。加缪说得特别对的一点是，几乎所有的现代政权和治理形式都是以自由的名义将自身合理化。然而，实际上它们也经常打压自由，比如通过强调安全或充分就业的必要性的方式。这就是面包（代表在人的存在中，物质的必要性）与自由的对立关系。那么，我们能否以面包的名义将牺牲自由合理化呢？按照加缪的思想，答案是否定的，自由绝不能被牺牲。

在这篇文章的最后，加缪给了自由一个简短且更积极的定义，对于那些只以为他是一个存在主义者的人来说，这一定义可能会让他们感到有些意外。加缪写道："构成自由的，主要是责任，而不是特权。"[4] 一个更加纯粹的存在主义者可能会说，自由仅仅体现在行动中（做自己想做的事），而这样的行动是受到一个赋予了个体行动自由权利和特权的社会保护的。加缪并没有提到权利，但坚定地指出，构成自由的是责任。简单说就是，自由即责任。而当我们谈到责任和义务时，我们就跑到规范的领域去了，这里讲的都是要求、需求、职责之类的东西。但是如何能将自由的基础建立在责任之上呢？彼泽·休是一位丹麦牧师，也是一位丹麦民俗作品收集者。他发掘了一句古老名言："自由之人不做自己愿做之事，而做自己应做之事。"换言之，构成自由的不是做自己想做的事，而是做别人要求我们去做的事。

加缪和彼泽·休表达的自由的思想，放在我们今天，也许会让人感到陌生，因为今天我们大部分人都本能地将自由理解为一种做自己想做之事的自由。但是这种对自由的理解存在一个问题：如果我们总是做自己想做的事（完全凭着自己的感觉走），那么我们并不是真的自由，而是自己欲望的奴隶。之前一章讨论了克尔恺郭尔对自我的理解，提出将人类与其他东西区别开来的，是我们能够超越自己即时的冲动和喜好，并用道德价值对这些冲动和喜好进行评价。由此，自我浮现出来，成为与其本身相联系的关系。因此，"自我"这个概念讲的是，与自己的欲望尽可能地拉开距离，并在欲望不值得实现时尽可能压制欲望。因此，"自由"这个概念讲的是责任，这种责任就是，不要只活在当下。因为在今天，从广告到人生导师，一切都在不断地鼓励我们要活在当下，我们的耳边都是"做就对了""活在当下""及时行乐""你究竟还在等什么"这样的口号,而我们真正要做的是反思并评价我们自己的欲望。

然而,就像如果我们总是按照即时的冲动行动,就会对即时性重视过了头一样,如果我们总是仔细思量,止步不前,就会对反身性重视过了头。克尔恺郭尔将自我定义为一种与其本身相联系的反身(自省)性关系,但他也批评了不断自我反思(自省)可能导致的"反思病"。正是这种对于责任的反思,能让我们在处于只活在当下的危险状态时,暂停下来进行思考,同时又防止我们没完没了地钻牛角尖。没有人有义务仅凭个人冲动去做自己想做的事,也没有人有义务沉溺于无尽的自我反思之中。走这两个极端的人都不会有自由,这两个极端只是两种对立的不自由的状态。

两种自由概念

通过将自由的概念与责任联系起来,加缪与一种积极思考自由的经典传统站在了同一战线。这里,"积极"一词想表达的是,自由是天生就有的,这种自由是要(做)某某的自由。相反,还有一种同样经典的消极思考自由的传统,这种自由是免于(做)某某的自由。要说关于自由最著名的一篇哲学文章,当属英国哲学家、历史学家以赛亚·伯林(1909—1997)的《两种自由概念》(*Two Concepts of Liberty*),讲的基本就是这两种不同的关于自由的概念。[5]伯林并没有提出存在一种(且是唯一的一种)

正确的关于自由的概念，而是集中厘清了"自由"这一概念的不同含义，以促成在政治和日常背景下更加理性地讨论自由。按照伯林的观点，要实现消极自由，就需要没有人能阻止我们做自己想做的事。反过来说，如果有人阻止我们达成某个目标，那么我们就不拥有消极意义上的自由。伯林注意到，消极自由并非一定只与民主相联系。原则上讲，完全有可能设想这样一个场景：一个和善的独裁者，也可以确保臣民能够最大可能地实现自己的欲望和目标。换言之，在这样一个社会中，没有人会阻止公民做自己想做的事。这也许是消极自由这一概念的一个弱点。也就是说，这一概念并没有考虑是谁决定了我们要（做）什么。如果我们可以实现自己的欲望，不管这样的欲望是被一个彻底商业化的市场社会灌输的，还是被一个拥有先进科技的独裁者（就像许多科幻小说中描写的那样）灌输的，我们实际上都是自由的。

与之相反的是，积极意义上的自由讲的并不是我们免于做某某的自由，而是做某某的自由。这种自由的重点在于：谁控制我们？我们究竟可以自由地做什么？伯林也将这种自由称为"自制"（self-mastery）。也就是说，如果我们是自己的主人，那么我们就是自由的。这个概念中，除了其他一些方面，还包含了进行自我反思与评价自己愿望和欲望的能力（这点可以参考彼泽·休和克尔恺郭尔关于自我的论述），以及与自由息息相关的责任（这点可以参考加缪的论述）。当然，这时的问题就成了我们如何实现自主？而这个问题的答案就是，我们无法靠自己实现。我们是相互依存的存在，只有在社会和集体中才能做到自省，以及实现一定程度的自制（请参考之前讨论自我的章节）。因此，自由（至少是积极意义上的自由）也就成为某种集体的组成部分。如果一个小孩的成长环境不能帮助他培养必需的思考、反思、控制自己的技巧，那么他不可能是自由的，因为他无法学会自制。此外，如果我们真的想要自由，就都有义务去照顾好所有能帮我们培养上述技巧的集体。这就把我们带回了起点：自由和责任是密不可分地联系在一起的。如果没有守护自由存在条件的义务，也就不可能有真正的自由。而如果我们没有做某事的自由，我们也不可能有义务去做它（在康德看来，先要有"能"做，再有"应"做）。

论自由的工具化

那么，自由的现状又如何呢？从表面上看，我们在保护消极自由方面做得很好。我们尊重个人做自己想做之事的自由（只要不伤害他人），我们谴责可能会妨碍个人实现自己欲望和目标的阻碍。在我看来，这是完全合理的，但这只是故事的一半。如果积极意义上的自由一样重要的话，我们就必须记得要保护好那些帮助人们培养自制的集体。这个过程在学术上被称为"形成"（formation），即一种（伦理的）养育和教育。如果加缪、休，以及（一部分的）伯林的思想是正确的，那么也就是说，人们必须依靠自己之外的他者才能被"形成",才能实现自由。自由的内涵不在于没完没了地围绕自我以及自己的内在欲望和愿望,而在于思考我们来自哪里,以及组成我们的集体是什么。可以这么说,自由不只是自我的内向洞察,还有自我的外向观察。伯林甚至这样写道:"很大程度上,我的身份是由我的所感和所想决定,而我的所感和所想是由我所在的社会中主流的所感和所想决定。"[6] 要有自由,就必须先了解决定我们身份的集体或社会、传统和历史。

当下,这种积极的自由受到了压抑,因为我们似乎都认为,最重要的就是了解我们自己,而不是了解和理解形成我们的环境。我们可以这样来描述这一现象:我们经常为了自我实现(self-realisation)而忽略了形成的重要性。我们之所以这样做,也许是因为我们错误地认为,这样做实际上可以给予我们自由(免受旧传统压抑的自由)。然而如果这样认为的话,我们就忘记了自由也是行动的自由——明智而有责任心地行动。而我们行动所处的社会正是让我们能够在一开始成为自由个体的社会。

近些年来，我们偶尔会看到有人明目张胆地将自由工具化：这些人没有将自由视为目的本身，而是视为一种手段来实现其他目的——幸福、康乐、生产力等。企业越来越相信，如果将自由赋予员工，如果将责任下放给员工，那么员工就会产出更多；而不是相信，自由本身作为人类基本尊严的一种表现是有其内在价值的。这种观念的核心问题在于，它认为自由的价值依赖于自由之外的东西（例如，生产力），也就是说，只有当自由支持这一价值的实现时，自由才是合理的。那么，如果自由不能带来更高的生产力，又当如何呢？如果这种在公司和企业中引入自由概念的观念，是建立在将自由当作实现上述目的的手段的基础上，那么这样的自由也就不再具有合理性。加缪在文章中，明确地捍卫了自由的内在价值。他否定了这种观点，认为任何程度的幸福和康乐都可以抵消社会中自由的缺乏。他写道："即使社会突然转型，让所有的人都过得体面和舒适，它仍然会处于一个荒蛮的状态，除非自由战胜了一切。"[7]加缪说，一定不能为了物质财富而牺牲自由。

自由有非常丰富的内涵。对于古代的斯多葛学派来说，自由的内涵包括消除徒劳的欲望，以实现内心的平和。对于康德来说，自由的内涵包括了控制欲望，从而按照道德准则行动的能力。今天，似乎很多人都认为，自由的内涵包括了实现自己的欲望和全部的潜能，做自己想做的一切。跟随加缪的指引，我在本章提出：自由与责任紧密相连。用伯林的话说就是，自由的内涵中一部分是积极的，指的是我们有能力做自己应做之事；但也有一部分是消极的，即无论我们有多么强大的自制，如果生活在监狱或独裁统治中，我们无法真正自由（最多只能在精神或学术意义上称这种状态为自由）。无论自由被怎样定义，这一立场都值得我们坚定站稳，即自由具有不应当被工具化的内在价值——不能因为自由促进了幸福或提升了GDP就说自由是善的，自由本身就是善的，即便它不能提升我们的感受或促进经济的发展。从这种意义上说，自由是一个存在主义的立场，其本身就是目的，一个值得我们坚定站稳的立场。

第十章

死亡

谁学会了死亡,谁就学会了不做奴隶。

——蒙田(1533—1592)

只有死亡才当得起本书终章的主题。然而，和本书讨论的其他立场不同，我想表达的并不是死亡就是目的本身。这样说会很奇怪，而且还有些虚无主义色彩。这种说法将死亡浪漫化，我无法认同。但是，我们可以将死亡视为一种"元立场"（meta-standpoint），作为其他立场的框架或背景。这与我们在第一章中讨论的亚里士多德强调的作为目的本身的"善"是一样的。传统的存在主义者（其中最有名的当数马丁·海德格尔）强调这样一种观点：正是对人类有限性的认识，才赋予了生命意义，或者说，才至少赋予了生命比任何其他东西所能赋予的更多的意义。[1] 如果生命中不存在一些比其他东西更重要或更有意义的东西（比如本书中的各种立场），那么生命中的一切也就变得无所谓了，因为既然一切都一样重要，也就意味着一切都一样不重要。

和其他生物一样,人终有一死,但我们对死亡的认识既是一种负担,也是一种富足。没有其他生物和我们一样有对死亡的意识。这种意识是一种负担,对于一些人来说,它甚至还会导致一种吞噬一切的对人类最终消亡的恐惧。但这种意识也会充实我们,因为它意味着,我们可以反身性地与自己的生命相联系,深度思考什么才是有意义的。如果我们是永生的,或者并不知道我们自己是谁,那么生命里的一切,就会在我们不明白并非生命中一切都可以实现的情况下自然发生。而在生命中的一切并非都可以实现的前提下,思考什么事值得花时间做,就更为重要了。换言之,没有死亡,也就没有了有意义的存在。

记得我还小的时候,特别喜欢琢磨死亡。我当时认为,如果我们最终都会死亡和消失,那么就没有什么是真正要紧的。如果生命最终是有限的,那么一切就都没有意义了。这种想法和前言中提到的伍迪·艾伦的观点差不多。现在，作为一个成年人，我依然可以理解这种观点，但是现在的我会反过来说：正因为我们会死，所以一切才有意义。正因为我们生活在一个有限的域界中，生命中的经历和行动才有意义和价值。哲学家汉斯·约纳斯（1903—1993）曾说，死亡给我们开了一个"窄门"，通过这扇门，价值会进入"一个别样的漠然宇宙"。[2] 如果我们都是无敌且永恒的存在，那么像勇气、坚毅、牺牲、忠诚这样的美德都是很难想象的，像尊严、爱、宽恕这样的立场几乎没有任何意义。从存在主义的意义上说，我们执着于我们认为有价值的东西，也执着于会被从我们这里夺走的东西，而最终要被夺走的，就是生命本身。在约纳斯看来，只有有限的生物才会有价值观。我们可以这么说，死亡（mortality）是道德（morality）的前提。[3] 换言之，认识到死亡的存在是理解道德价值的前提。类似地，艾丽丝·默多克还写道："真正意义上的死亡会让我们看到，美德才是唯一有价值的东西。"[4] 死亡本身不是美德，但是代表了存在的极限，因此也为美德、立场、意义提供了存在的背景。

哲学研究与死亡

在前言中，我讨论了很多关于哲学的观点，认为哲学源于好奇（柏拉图）、失望（克里奇利）或教育成人（卡维尔）。现在，我们还可以再加上另外一个关于哲学起源的观点，这一观点始于苏格拉底，并得到了古罗马西塞罗（公元前107—前43）那一派的认可，认可这一观点的还有本章的主人公、法国文艺复兴时期的人文主义者蒙田。简单来说，这一观点就是：哲学存在的意义就是教育人们如何好好地死。[5]本质上，哲学就是为死亡做的准备。在著名的对话录《斐多篇》中，苏格拉底向他的朋友与他自己的生命话别:"那些讲起哲学来头头是道的人,似乎向他人隐瞒了这一点:他们的研究不过是赴死和死亡。"[6]后来,他补充道:"那些正确践行哲学的人是为迎接死亡而训练的人,他们是所有人中最不害怕死亡的。"[7]苏格拉底这句话是什么意思呢?这就要回到本书的开头,即我们将哲学视为一种生活方式的观点上。这样的哲学包含了探寻生命的意义,以及按照人性(即亚里士多德所谓的美德)活着的意义。但是这一切只有在生命的"地平线"或者说"边界"(即死亡)的参照下,才是重要的。正如哲学家托德·梅在他那本名为"死亡"的论点精辟的小书中写道:"人终有一死,这一属性让我们的生命有了模样,赋予生命连贯性和意义,让活着的人度过的每一刻都很宝贵。但是,死亡也威胁着这所有的一切。我们会死是一件好事,但是永远不要随随便便一死了之。"[8]这就是死亡的悖论。没有死亡,一切都没有意义或价值,但同时,死亡本身对意义和价值一直都是一个威胁,凡是有失去心爱之人经历的都能证实这句话。或者,换种说法,死亡是意义成为可能的存在条件,但同时死亡本身又是没有意义的。

所谓的哲学思考,讲的就是这个悖论。这正是苏格拉底想表达的,他说,哲学就是为死亡做训练,且其中的一个目标就是让我们少一些对死亡的害怕。尤其是斯多葛学派的哲学家,包括后来的塞内加、爱比克泰德、马可·奥勒留,都尤其专注于尽可能消除对死亡的恐惧,他们凭借的就是平日里的一些道具——"死亡象征物",提醒自己一定会死。通过对生命最终消极和悲剧的一面进行反思,可以让我们对死亡习以为常;而如果我们不断地回避死亡,假装死亡不存在,就永远做不到对死亡习以为常。关于死亡的意识也是克尔恺郭尔和海德格尔的存在主义哲学里的一个主要话题。这两位哲学家都认为,人类只有与死亡相联系时,才能真正地活着。海德格尔将其称为"向死而生"(being-toward-death)。我在《清醒》一书中曾将这一概念完全展开,借用了很多古罗马斯多葛学派的观点。在接下来的一节中,我们将看一看人文主义者蒙田究竟是怎样理解死亡的。

塔中的哲学家

蒙田是一位十六世纪生活在波尔多的贵族，接受了相当全面和有人文情怀的培养和教育。1571年，三十八岁那一天，蒙田退出了社交生活，此后在自己家城堡的塔中隐居了十年。蒙田在塔中的藏书超过1 500本，这个数量在当时简直让人难以置信。顺便说一句，这座塔今天依然存在，且对公众开放。当时的蒙田一头扎在书里，浸没在各种思想汇聚的海洋里，并在1580年出版了著名的《随笔集》。由此，他创造了随笔这一体裁，将个人故事和趣事以一种启发性和创造性的方式与文化和生存的主题融为一体。这种体裁让读者可以跟随一种思想的发展过程,而发展到最后,也不一定要有一个明确的结论。要是蒙田没有把自己闷在塔里写出他的"草稿",今天的随笔作家写的也就不是随笔了。蒙田的这部作品代表了一种游牧思想。在书中,蒙田从一个话题漫步到另一个话题(一篇讲的主题是食人族,而到另一篇,主题就成了孤独),目的很明显,就是把自己当成研究对象,直接坦荡地描写人类。从这一意义上说,蒙田算得上是当今自传体小说作家(例如卡尔·奥韦·克瑙斯高)的前辈。在出版了自己的随笔集后,蒙田离开了他的塔,重回社会,并开始周游欧洲。他甚至还当过波尔多的市长。1592年,蒙田逝世。

《随笔集》一书中的一篇随笔,起了一个苏格拉底式的题目:学哲学即学习死亡。[9] 本章的题记就出自这篇随笔。下面这一段内容更长一些,同样引自该文:

> 死亡究竟在哪里等待我们,这是一件不确定的事,我们不妨到处来找一找它。预先设想死亡,就是预先设想自由。谁学会了死亡,谁就学会了不做奴隶。

如果一个人正确理解了失去生命并非邪恶，那么，他的生命中也不再有邪恶。也就是说，懂得如何去死，让我们超越了一切的支配和束缚。

蒙田的这一思想十分有意思，也十分难理解。我们通常认为死亡是一种限制。死亡限制了生命，因而也限制了我们自由生活的能力，但是在蒙田看来，正好相反：只有正确地理解了死亡，我们才能够自由。用蒙田自己的话说："谁学会了死亡，谁就学会了不做奴隶。"如果我们不学会理解死亡并认识到死亡的价值，也许就会因为不明白生命的短暂，而在一些不重要的东西上浪费生命。这会让我们屈从于随机性的、转瞬即逝的冲动，而不能从一个更加宏观的角度来看待生命。就接着上面这段话，蒙田又讲述了古埃及的一种做法：古埃及人会将一个死亡的象征物（例如一具人体骷髅）展示在他们丰盛的喜宴上。蒙田写道，这时一个仆人就会宣布："开怀畅饮吧，汝死亡之时，亦当如此。"受到古埃及人拥抱死亡的启发，蒙田接着道出了一句生命的格言："因此，我要有这样的习惯，不仅要把死亡放在我的想象里，而且要不断地把死亡放在我的口中。"西蒙·克里奇利从这句深奥的话中得出结论：

> 做哲学研究，就是要学会将死亡放在口中，放在你说的话里，放在你吃的食物里，还有你喝入的饮品里。只有通过这种方式，我们才有可能开始直面我们对死亡的恐惧，因为到最后，正是对死亡的恐惧囚禁了我们，并引导我们走向短暂的忘却或是对长生的渴望。[10]

只有通过直面死亡，以及畅谈死亡（用蒙田的话说，就是把死亡以文字和句子的形式"放在口中"），我们才能学会自由地活着，且不被焦虑所麻痹。我们也许不能让自己摆脱对死亡的恐惧，但是可以学会与死亡做伴，更好地活着。在蒙田看来，这是自由的必要前提。蒙田在结尾谈到了自己对死亡的研究兴趣，并表达了一种愿望，希望能够做一个登记簿，记录人类不同的死亡方式。[11] 他的目的不是美化死亡，而是要庆贺生命。他写道："教育人们怎样去死的人，也应该同时教育人们怎样去活。"

人都会死，那又怎样？

琉善是公元二世纪的古希腊讽刺作家，生于萨莫萨塔，他在对话录《卡戎》中，对人类存在进行了生动的描写。卡戎也是故事主人公的名字。卡戎是冥河渡神，负责将亡魂摆渡至冥府。只有在琉善的故事里，卡戎才有了一天工休，被允许去生者的世界看看。赫尔墨斯既是众神信使，又是指引亡魂抵达冥府的向导。在赫尔墨斯的帮助下，卡戎将一座座大山叠起来，以便能从高处观察人类。随着他对人类的深入观察，卡戎得出结论：所有的人都有一点相似，那就是，无论贫富，他们的生命都充满了痛苦。卡戎总结道:"如果人类从一开始就能清楚地认识到他们终有一死,在地球上短暂逗留后,他们都要从生的梦中醒来,并把一切都抛在身后,那么,他们就会活得更明智,就不会这么在意死亡了。"[12]

贯穿苏格拉底、琉善、斯多葛派学者、蒙田思想的是他们探索死亡的兴趣,他们将死亡视为某种东西,用来提醒人们此时此刻活着的重要性。"死亡象征物"很重要,因为它也是"生存象征物"——铭记人终有一死,会让我们记得必须好好活着。这一点,歌德写在了他1795年的小说《威廉·迈斯特的学习时代》里。这种思想依然活跃在当今各种心灵鸡汤文,以及写着"活在当下"的刺青图案中。索菲娅·曼宁是一位来自丹麦的很有名的人生导师,也是励志演讲家托尼·罗宾斯的学生。在她《你究竟还在等什么?》(*What Are You Really Waiting For*)这本书的开头,她对于"死亡象征物"的思想进行了反思:

> 所有对你来说显得无比重要的东西最终都会消失。

所有你曾经拥有的和想要得到的,你所有的感情,你平日生活里的起伏、羁绊、担忧,都将随着你一起消失。既然如此,为什么还要把短暂的一生用来辜负自己呢?你就像是黑夜里的萤火虫。你的生命就像火光闪过一般短暂,之后就永远消失了。这是这个世上最具启发性的思考之一。你来到世界上,只有很短很密集的一段时期。那么,为什么不趁着自己在世,把生命用到极致呢?

曼宁谈到了她手足的离世,还有失去手足之痛如何让她明白,我们应该趁自己还有能力的时候,把生命活到极致。

尽管曼宁表述了经典的"死亡象征物"(铭记人终有一死)的思想,但她的结论与古代先哲的思想几乎完全背道而驰。曼宁认为,我们必须行动在"当下",因为生命有可能随时结束。在她看来,心理辅导是一种工具,可以帮助人"把生命活到极致"。她在网站上写道,心理辅导可以帮助我们"把约束性的信念"(即让你脚步慢下来的想法和念头）替换为鼓舞斗志、提升表现的信念。[13] 这种思想与哲学对生命的思考刚好相反，因为哲学思考生命的重点不是"极致地实现梦想"，而是考虑到生命短暂和做人的意义，去分析我们的这些梦想是否真的值得拥有。我这里讲这些，并不是要对心理辅导提出反对意见。我只是想说，我很明显地看到，当代对于死亡象征物的典型回应就是："快点！确定你的梦想！消除影响你实现梦想的障碍！"这种回应，相较于呼吁内心平和与反思的哲学回应，实在是偏离得太远了。心理导师会焦急地问："你究竟还在等什么？"而面对这一问题，哲学家则会平静地回答："等死。"也许我这里说得有点夸张，但我们常常会看到，培训师在开场时会说这样一句："你究竟还在等什么？"这是对死亡本身的工具化。关于死亡的意识，被当成了一种动力，促使个体实现自己的梦想。最近，我在《纽约时报》上看到了一个更明显的例子，出自企业家阿瑟·C. 布鲁克斯写的一篇名为"想要更幸福，就要开始更多地思考死亡"（To Be Happier, Start Thinking More about Your Death）的文章。[14] 看到这个标题，我的反应是：这并不是我们应该思考死亡的理由。我们思考死亡的原因应当是，死亡是一条地平线，它让生命中的意义成为可能。如果思考死亡可以让我们幸福，这自然是好的。这样的思考之所以有意义，是因为其本身是有意义的。

在本章中，我提出了死亡是世间一切存在内在意义和价值的必要前提。死亡不大可能会让我们感到幸福，但其本身应当被视为一种现实、一种意义存在的条件。像蒙田这样又老又"无用的"哲学家们会坚持说，如果我们正确地与这种无法避免的境遇相联系，死亡就可以带领我们走向一种存在主义意义上的自由。死亡本身并不是一种立场，而是其他立场存在的必要前提。死亡本身并不是有意义的，但却是意义的必要前提。

最后，让我们欣赏一下丹麦诗人格蕾特·里斯比尔杰·汤姆森（Grethe Risbjerg Thomsen，1925—2009）的一首短诗。这首诗讲的是死亡的重要性，以及死亡贯穿我们一生的存在。[15] 在汤姆森看来，死亡是一个过程，开始于人的出生，终止于生命的最后。

三月某个夜晚

每过一分一秒,
死去一点一毫。
我与死亡相伴,
共度生命多年。

三月某个夜晚,
暖暖细雨温柔。
我会走入黑暗,
从此不再死去。

结语

对有意义的生命的不同观点

本书一开头,我们讲到,伍迪·艾伦断言生命是无意义的。按照艾伦的观点,我们都是一个纯粹的物理宇宙中的一部分,而正是因为这个宇宙最终会陨灭,所以我们的生命也没有意义。和艾伦的观点不同,我并不认为从宇宙陨灭就一定可以推导出生命无意义。现代物理学理论中讲的宇宙起源和最终陨灭,包括进化生物学中关于人类进化(以及可能的灭绝)的学说,我都是完全认同的,前提是不能直接得出一切都无意义的偏激结论。这样的结论就等同于说,本书中没有东西是有意义的,因为文字不过是印在白纸上的黑墨，凭借墨的化学属性以某种特定的方式反射光线。我并不否认，有些读者可能会觉得这本书没有意义，但我依然想说，这样的评价一定不是基于光和墨的物理或化学性质，而是基于本书的"内容"。我们在探讨一本书、一首诗、一部法律、一个行动、一种人生的时候，讨论的是它们的内容。本书的出发点是，现在，我们缺乏对于行动的内容和目标的理解，反而变成了利用工具手段的专家。我们变得很擅于权衡这个世界，但却很不擅于评估这个世界的价值。我们已经拥有了优化儿童阅读技巧和成人生产力的工具，但却失去了探讨儿童阅读内容和成人产出价值的能力。我们对所有的一切（国家和个人层面）都进行计算和成本效益分析，以实现"花最少的钱办最大的事"，但是在讨论行动的意义时却遇上了难题。本书用"工具化"一词来描述这一问题。在工具化的背后，是人们对于手段而非目的的关注，是人们对于被扭曲为目的本身的手段的关注。

解决这一问题的办法就是，拥抱那些有内在价值的现象和行动。从现代工具主义视角来看,这也许听起来很没有用,但矛盾的是,这是一种特别有用的无用。前面已经说明,纵观哲学史,一直都存在这样一种基本的思想,即选择作为一种生活方式的哲学就是抵抗工具化。乍一听,这似乎是在将哲学工具化,即让哲学成为实现一个有意义的生命的工具手段。但是,这其实是一种误解。我的理由是,对事物价值进行哲学反思是有其本身的内在意义的。也就是说,哲学性的生活既是一种获得意义的手段,其本身也是目的,正如被亚里士多德称为"幸福"的那个东西一样。

启蒙的辩证性

批判工具化绝不是我个人心血来潮。对社会工具化进行文化分析批判最著名的作品之一,是西奥多·阿多诺和马克斯·霍克海默的《启蒙辩证法》。阿多诺和霍克海默是两位关注社会学的哲学家,他们所属的思想学派被称为"批判理论"。[1] 批判理论从哲学角度对某种社会主流意识形态进行分析。《启蒙辩证法》写于二战期间,首次出版于1947年,主题是分析欧洲极权主义(尤其是法西斯主义)的兴起,怎么才过了几个世纪,欧洲关于科学和人权的启蒙主义思想就沦落为骇人听闻的恐怖政权?

现代科学，包括医学、科技、教育理论和实践，本应该给我们力量，将我们从封建社会的单调苦役中解放出来，但结果我们得到的是两次世界大战和对犹太人的大屠杀。和后来的大屠杀分析家和社会学家齐格蒙特·鲍曼[2]的观点类似，阿多诺和霍克海默肯定了极权主义并不代表倒退回现代之前的荒蛮，而是现代性本身导致的后果。现代性中进步的理性和信仰，不费吹灰之力将所有的一切变成了一个极权主义的乌托邦，而为了追求这一梦想，可以不择手段。根据阿多诺和霍克海默的观点，现代性和启蒙主义对这个世界进行了"去神秘化"（启蒙），也就是说，它们用科学和技术毁掉了古老的神话，但是这一进程的终点是自掘坟墓。我们很有可能会获得对自然的支配力量（包括对人性的支配），但是我们并不知道这样的支配力量可以用来做什么，因为我们的概念里缺少指导行动的价值观。通过这一去神秘化的过程，所有的一切都变成了一种工具手段，而非目的本身。

社会学家马克斯·韦伯创造了一个术语"祛魅"（disenchantment），类似于我上面提到的去神秘化。祛魅指的正是我在本书中所描述的在自我之外的世界中意义逐渐消失的过程，相对应地，就出现了自我之内的世界的"附魅"（enchantment），表现为心理学化和主观主义化。用阿多诺和霍克海默的话说就是，理性成为现代这个去神秘化的时代里，"一台包罗万象的经济机器的一种工具"。[3] 于是，我们很难再认识到确实存在一些有内在价值的东西。结果，一切都成为实现其他目的的工具手段。这就对理性提出了巨大的挑战，因为但凡有理性的人都知道，目的、意义、价值是确实存在的。启蒙的辩证性褫夺了理性美好的一面，将理性沦落为工具主义、成本效益分析和功利性计算。正如我在本书开头说到的，这一切的最终后果就是虚无主义，既有积极的虚无主义，典型的例子就是法西斯主义；也有消极的虚无主义，信奉这一思想的人会认为，意义一定来自"自我之内"，且纯粹是主观性的。

所幸，尽管这个时代危机繁多，但写作本书时的社会背景并没有像写作《启蒙辩证法》时的背景那样动荡。然而，在我看来，《启蒙辩证法》一书中对工具主义和虚无主义所做的批判，放到今天，依然是适用的。二战结束后，我们已经逐渐将市场、竞争性的国家体制、最优化、业绩变成了无根无据的目的本身。我选择做的，就是以一种有意启发读者的方式，对此进行批判，而我的方法就是不断指出生命中那些栖息着意义的"绿洲"，来告诉我的读者，那些有内在价值的现象依旧存在。我已经发现了十个存在主义的立场，但是这个清单其实还可以拉得更长，例如，还可以加上玩、信任、知识、民主、教育、友谊、艺术（尽管其中一些已经在本书的章节里被当成例子讨论过了）。[4] 这十个立场对我来说有着特殊的意义，但其他人也会有自己不同的见解。我并不期待所有人都对有内在价值的东西意见统一。在一个开放的社会里，我们可以畅所欲言，讨论什么应该被当作有意义的立场，我认为这一定是一件好事。从这一意义上说，民主和民主对话本身就成为一个有意义的立场，因为它促进了对立场内涵这一基本问题进行广泛反思。这一问题尤其与学校教育密切相关。因为近年来，学校教育一直都遭受到自上而下的极端工具化的威胁，牺牲了将学生培养成为能与他人深入探讨意义和价值的公民的机会。

这种威胁并不是我们会对立场有争执（多元主义其实是一件好事，是十分可取的），而是我们中的太多人会得出这样的结论：除了源自个体主观性（即心理学化）的东西，或源自纯粹工具性和市场导向思维（即工具化）的东西，我们根本找不到意义。无论是心理学化，还是工具化，在这两种背景下，一些共同的人类的问题、存在主义的问题，还有道德的问题，都被无视了。在这种情况下，我们只会把注意力放在实现个人愿望和喜好的工具手段，以及实现社会最优状态和绩效要求的工具手段上。

四种看待意义的视角

本着多元主义的精神,我最后来总结四种看待意义的视角。这四种视角以不同的方式和程度呈现在本书之中。我并不想隐瞒我个人对这四种视角的偏好,但我还是要说,这四种角度都有各自的优点。我将这四种视角以表格的形式展现出来。简单来说,表格的横向按照意义是关于体验的(即感觉良好)还是行动的(即行善事)进行分类,[5]而表格的纵向则是按照意义主要源于人的特性还是共性进行分类。

生命的意义	体验层面:感觉良好	行动层面:行善事
源于人的特性: 成为自己(自我发展)	享乐主义	尼采
源于人的共性: 成为人(培养/教育)	功利主义	责任和美德的伦理

对于每一种视角可能产生的结果,我会拿不同的思潮为例子来展现,希望可以将这些视角说明清楚。先从位于左上角的视角说起。享乐主义也许代表了当代文化中最常见的视角,在这一视角下,生命的意义在于享受,而享受的好坏要由个体自身去评价。换言之,在这一视角下,生命就是在我们死前尽可能多地去体验,而我们自己就是唯一一个裁决自己体验价值高低的人。我之所以将享乐主义放在这里,是因为这是一种将愉悦体验作为生命核心内容的哲学。正如本书前面讨论的,在享乐主义下讨论个人喜好的对错好坏是没有意义的,因为在享乐主义者看来,愉悦原则适用于生命的方方面面。如果我个人认为看美国唱歌选秀节目《X音素》,给我带来了极致的享受感,那么它对我而言就是生命的意义。其他

人肯定也会有不同的偏好，但是他们无法对我进行合理的纠错。按照这一思想，我可以首先做我自己，做一个独特、真实的个体，并探求自己内心最深处的欲望。这样一来，马上就变成了一种主观主义视角，任何关于客观的和人类普遍的价值观和义务的思想，都变成了被怀疑的对象。自我发展行业的人大多依赖这种思维方式。在他们看来，生命的意义就是确定个人的喜好，然后尽可能地满足这些喜好（例如，通过心理辅导、心理治疗或者其他类型的自我发展工具）。在这一视角下，生命的意义就是发现我们真正想要什么，所以可以说，我们想做什么就做什么！

在享乐主义一栏的下面，可以看到一种"社会化的享乐主义"，表现为功利主义。功利主义是一种基于道德和价值的哲学。功利主义的观点是，如果一种行动可以实现绝大多数人的幸福（个人的愉悦和满足）最大化，那么这种行动就是善的。类似于享乐主义，功利主义的重点还是放在了个体和个体的体验，但是两者的区别是，在功利主义看来，只有绝大多数人获得了最好的生命体验并实现了自己的欲望，在道德上才是善的。功利主义与工具化的关系也很近，因为功利主义也认为，没有什么比个体主观的（幸福和不幸福）体验更加善的东西。所有一切其他的东西，都被视为一种扩大幸福和缩小不幸福的工具手段。然而，功利主义也许还包含了一点教化的成分在里面，因为培养个体念及他人的所要所需，也是造就良好公民的前提。在我看来，功利主义本身作为一种价值观很有问题，但我们依然有充分的理由来保留其内含的合理部分，而这种合理部分则为功利主义与享乐主义所共有，因为毫无疑问，一个有意义的生命也一定包含一定程度的积极体验。我们都有这样一个常识，现代的医疗服务应该确定一个分配医疗资源的最优方式，比如，可以让最多数量的病人受益。当我们让主观体验成为生活里唯一相关的考虑时，问题就出来了。我们下面就会讲到，这样做是不可持续的，并会导致主观主义和心理学化。

表格右上方一栏里的视角是尼采，代表了这样一种观点：有意义的生命是由个体创造的，靠的是强者想要活着和创造的意志。在尼采看来，上帝死后，不再存在可以参考的普适性的意义"地平线"(标准),因此个体必须通过自己的行动来创造意义。尼采很看不起那些追求创造幸福体验导向的哲学家,于是,在他的笔下,就有了这样一句著名的话:人活着不是为了幸福,只有英国人活着是为了幸福。他批评的正是那些英国的功利主义者,而这些人认为,一切价值都可以量化计算,以实现幸福的最大化。读尼采的时候,我们会有这样一种感觉,尽管与生命联系的只有个体的意志和能力,但是生命依然高深奥妙。尼采的哲学是精英主义的、贵族学术式的哲学。正如我在本书中反复讨论的那样,与那些体验导向的哲学家的视角相比,尼采的视角也许更加正确,但这一视角还是太主观了,因为它否认了在个体之外且独立于个体的真实和既存的意义来源的存在。

第四种视角解决的就是这些意义来源的问题,在这一视角下,与意义相关联的是包含在一个人类集体中的生命,而伴随生命的还有这个集体所内含的各种义务和行动。虽然美德伦理(源于亚里士多德)与责任的伦理(比如涉及康德的理论)有很大的区别,但是它们的重点都是这一层面。在这两种伦理观下，存在某些更有意义和价值的东西，这并非源于个体的主观性，而是源于人的本性（亚里士多德）和理性（康德）。决定一个东西的意义和价值的，并不是它可以提供给我们多少积极体验，而是这个存在着的东西本身。享乐主义者说，一种行动是善的，是因为他们自己喜欢这个行动。功利主义者说，一种行动是善的，是因为它可以为绝大多数人创造善的体验。亚里士多德会说，我们应该学会喜欢做善事，因为它本身是善的。而且康德还会补充说，决定一种行动为善的条件是，这种行动是出于对一种客观道德的尊重，因为人类有一种内在的尊严，且不应该将人贬低为实现任何其他目的的工具手段。换言之，我们在表格的右下方找到了最强大的立场，让我们可以直面工具化的威胁。然而，如前文所言，从一个多元视角来看，我认为这并不意味着其他三种视角都是完全无效的，这仅仅意味着，它们并没有完全深入意义的本质，因为它们都缺少一种关键的认识，即人类生命中存在一些可以其本身作为目的的东西。

体验层面的两种意义观都没有考虑这一事实：幸福并不一定与意义相等。在第二章中我们引用了《道德形而上学原理》一书。在这本书里，康德写道："做一个幸福的人和做一个善人是截然不同的。"我们之前还引用了贝克特的作品，而正如他描写的那样，即使幸福的时候，我们都还在等待戈多。成为一个善人是有意义的，即使这与我们的主观福祉相冲突。很多自由斗士、烈士、利他主义者一生都充满意义，因为他们为了人类共同的价值观而奋斗，即使这意味着要牺牲掉他们的个人幸福。相反，我们可以想象一个幸福但精神变态的独裁者，他践踏人类共同的价值观，依照本书提出的观点，他并没有有意义地活着。遗憾的是，人类悲剧中的一部分就是，道德上的善和有意义的生命并不总会收获福祉。这就让我们有更多的理由去尊敬那些英雄，那些为做善事而牺牲了个人幸福的英雄。

欢迎来到"体验机器"

最后,我想讲一个著名的哲学科幻故事。创作这个故事的宗旨是让读者深刻明白,在讨论意义时,上文表格中的行动层面应该优先于体验层面。写这个故事的人是哲学家罗伯特·诺齐克,这个故事被收录于他的著作《无政府、国家和乌托邦》。[6] 为了适应本文需要,我将这个故事进行了简单的改编。

想象一下,科学家发明了一台"体验机器"——一台超级计算机,可以通过一个极其复杂的界面接入人的中枢神经系统。每当连接到这台机器上的时候，人们会获得最开心、最满意的体验。这台计算机还可以调整程序，以适应个人需求。例如，一个足球迷可以为自己的国家打比赛，赢得世界杯，继而成为国家队的成功经理人；另一个人可能会成为一位国际著名的音乐会钢琴家，或者因治愈癌症获得诺贝尔奖。或者说，至少，他们体验了这些经历。而关键在于，这种体验实在太过逼真，以至于他们都不会质疑这种体验的真实性。一旦接入计算机，他们就忘了接入计算机这一事实。而且整个过程太过复杂，无法逆转，也就是说，一旦接入，就不能再脱离了。一旦他们置身于机器中，就永远被困在了机器里，但是，可以确保他们会体验到最有趣、最愉悦的生命。总之，他们得到了幸福的保证。

但问题是，我们是不是真的愿意被接入这样一台机器？所有看过《黑客帝国》系列电影（第一部大约是在诺齐克的书出版25年后上映）的人，都会对这一想法很熟悉。悲观主义者可能会说，在媒体社会，在互联网和电视的不断影响下，我们已经活在了一个共同的巨大体验机器里。但是我们依然可以选择不带智能手机去森林里走一走，而一旦我们接入了诺齐克的机器，情况会大不一样。我个人的观点是，我永远不会同意把自己接入这台机器。凡是我之前问过这一问题的人，也都不同意这么做。那不同意的理由是什么呢？我经常听到的一个理由是，我们需要面对困难和不幸，才懂得珍惜好运和幸福，而机器能给的只有幸福。但是这条反对理由并不够充分，因为机器一样可以通过编程带来好运或厄运，达到不幸和幸福之间的最优平衡，实现（功利主义所追求的）幸福最大化。

我认为，一个更好的反对理由是，这台机器实现的只有上述所讲的体验层面。它实现的是最大化的幸福，而不是意义，因为它不提供给人任何真正的行动的机会（仅提供行动的体验）。通过这台机器，我们实现的是主观的幸福，而丧失了做任何可能帮助我们实现更客观的人类价值观的事情的机会。在活出一个生命和体验一个生命之间，是有很大区别的，而机器能做到的只有后者。我的观点是，绝大多数人都会选择真实的生活，充满各种不确定性、困难、痛苦,选择充满实现各种有意义活动的可能性的生活,而不是任何"体验层面的生活",即使后者可以确保幸福。然而,如果我们基于体验来定义幸福,并断言幸福就是最高价值,那么就没有任何理由拒绝接入那台机器——那台机器让我们可以"花最少的钱办最大的事"。所以,我们本能上不愿意接入那台机器的这个事实表明,真到了关键时刻,幸福其实并不是最高的价值。这与我们从康德的责任伦理中推导出的结论是一致的。我们宁愿为活出一个有意义的生命而奋斗,一个与他人之间存在真实有约束力的关系的生命,而不是为实现体验层面的幸福最大化而奋斗。我们还可以选择坚持认为幸福就是最高价值,但同时拒绝接受幸福是由体验所定义。这与我们从亚里士多德和美德伦理学推导出的结论是一致的。我们在第一章中讲到,亚里士多德将善的生活(希腊语为 eudaimonia,本义为幸福)描述为一种有意义的生活。无论我们选择站在康德还是站在亚里士多德一边,得出的结论都是,对一个有意义的生命的理解不能建立在各类体验之上。要理解一个有意义的生命的内涵,一定要基于各类行动,在这些行动中,人会做本身有价值的活动。而论证这一观点一直都是本书的使命，因为这是一个受到社会工具化威胁的基本存在主义概念。

古希腊哲学家看待行动价值的视角与我们完全不同。能说明这一点的最具戏剧性的例子之一，就是历史学家希罗多德讲述的克琉比斯和比同的故事。这个故事是这样的：克琉比斯和比同是两兄弟，他们都是赫拉的祭司库狄普的儿子。库狄普当时要去赫拉神庙参加一个节日，因为拉着她的大车的牛不堪重负，所以两兄弟就拖着这辆沉重的牛车，载着他们的母亲，跑了八公里，抵达了目的地赫拉神庙，此时两兄弟已筋疲力尽。他们的母亲对儿子们的孝行十分感动，于是向赫拉祈祷赐予他们神能给人的最好的礼物。全能全善的赫拉听到了这位母亲的祷告。然后发生了什么？她的两个儿子再也没有醒过来——他们在梦中死去了。这就是他们得到的礼物。

这个故事体现的道德观在今天看来让人无法理解，但是放在古希腊的背景下，赫拉实际上赐予了克琉比斯和比同相当丰厚的赏赐,因为他们的生命完整了。他们之前的自我牺牲已经如此高尚和道德,以至于无论他们后面再做什么都只会减损他们生命的道德性。在希腊人看来,克琉比斯和比同活出了生命的意义,尽管他们并没有体验到很多的美好和兴奋。这个故事告诉我们,理解意义和道德不能靠纯粹量化、工具性或体验性的方法(例如通过衡量幸福、健康或主观福祉)。相反,道德的和有意义的东西是有内在价值的。我们一定要秉持道德,是因为这样做是善的,而不是因为这样做可以让我们开心,或者有益于我们的健康(虽然今天的我们可以合理地期待自己会比故事里那两个希腊兄弟活得更久一点)。本书提出的十个立场会帮助我们反思生命中有内在价值的东西,并向我们展现,这些旧思想依然可以在一个新世界里有意义。

致谢

是将这本《生命的立场》视为一部独立的作品,还是将其视为我另一本书《清醒》的姊妹篇,全凭读者裁断。事实上,本书逐渐成形于我在丹麦做的一个广播系列节目期间。《清醒》这本书有意写得偏幽默,质疑了当代各种社会趋势,尤其是当代社会对自我发展和灵活性的不懈追求。但是《清醒》留下了一些尚待解答的问题:如果我们要保持"坚定",不随波逐流,那么究竟什么样的"立场"是值得我们坚守的?还有,如果履行义务(而非总是做有利于我们自身和自我发展的事)存在某种内在的价值,那么这样的义务究竟包含什么内容?《生命的立场》这本书试着用比《清醒》一书更加有建设性和启发性的方式来回答这些问题,同时保持了我一贯的对于当代文化的批评态度。

我想感谢编辑安妮·温考夫为我整个写作过程提供的宝贵帮助。《清醒》一书意外地在丹麦国内外广受好评,再续新作难免会有些压力,然而安妮的全程支持让我备感宽慰。我还想感谢丹麦广播公司,以及罗森凯尔委员会,特别是代表委员会授予我 2015 年度杰出科普奖的委员会主席安德斯·金奇-詹森,我十分享受同丹麦广播公司诸位共事的这段经历。我还要特别感谢埃斯特尔·霍尔特·科弗德、米卡·尼尔森、拉斯穆斯·比尔克、安德斯·彼得森、托马斯·阿斯特鲁普·罗默帮助审阅本书初稿,并提出了宝贵的反馈意见。我还要感谢 Polity 出版社的路易丝·奈特以及翻译塔姆·麦克特克为该书的英文版发行做出的极大贡献。但最需要感谢的是我的妻子西格·温瑟·布林克曼。

我想把这本书献给我的父母,因为正是从他们身上,我学到了最多的我认为要坚守的立场。

斯文·布林克曼
于丹麦兰德斯
2017 年 5 月

注释

前言　有意义的生命

1. Read the interview in full at: http://www.buzzfeed.com/alisonwillmore/woody-allen-believes-that-life-is-meaningless#.xrrRgrxow.

2. See for example Niels Åkerstrøm Andersen's analysis of play as a management tool in *Legende magt* (Playful Power) (Hans Reitzels Forlag, 2008).

3. See, e.g., the analysis by the statisticians Svend Kreiner and Karl Bang Christensen,'Analyses of model fit and robustness: a new look at the PISA scaling model underlying ranking of countries according to reading literacy', *Psykometrika*,79 (2014), pp.210-31.

4. The phrase was coined by Ove Kaj Pedersen in the book *Konkurrencestaten* (The Competition State) (HansReitzels Forlag,2011).

5. This is described and discussed critically in several of my books, including *Stand Firm: Resisting the Self-Improvement Craze* (Polity, 2017) and S. Brinkmann and C. Eriksen (eds), *Selvrealisering—kritiske diskussioner af en grænseløs udviklingskultur* (Self-realisation: Critical Discussions of a Development Culture That Knows No Boundaries) (Klim, 2005).

6. It goes without saying that it is somewhat simplistic to be so categorical about psychology as a whole, and laudable exceptions do exist. It should also be

mentioned that it is relevant to differentiate between *psychology* (as a particular way of looking at people and their lives) and *psychologists*, who as a rule are very ethical and highly empathic individuals. My criticism is of psychology as, in Foucault's terms, 'a cultural form'. In other words, it is not so much a critique of scientific psychology, actual psychologists or the many excellent forms of treatment that have been developed, but of psychology as a way of interpreting life that has come to characterise Western culture. See Foucault's 'Philosophy and Psychology', in *Aesthetics, Method, and Epistemology: Essential Works of Foucault*, edited by J.D. Faubion (The New Press, 1998). In my own book *Psychology as a Moral Science: Perspectives on Normativity* (Springer, 2011), I attempted to present a far more in-depth analysis of psychology's lack of a normative foundation and the risk of instrumentalization that this entails. This book's identification of existential standpoints, and its conceptualisation of the individual as a creature with obligations and relations to others, could be interpreted as a philosophical starting point for a general psychology that, in my opinion, is suitable for understanding human life.

7. The book was written by James Hillman and Michael Ventura and was published in 1992 by HarperOne. The point is that all of the empathetic, sensitive people who ought to be engaged in improving society are lying on therapists' couches and only improving themselves and discovering what is within them.

8. Stanley Cavell, *The Claim of Reason* (Oxford University Press, 1979), p. 125.

9. Pierre Hadot, *Philosophy as a Way of Life* (Blackwell, 1995).

10. See, for example, his *Infinitely Demanding: Ethics of Commitment, Politics of Resistance* (Verso, 2007).

11. This book is agnostic when it comes to the existence of a God. Perhaps there is one, perhaps not. Regardless of our view on this, secularisation forms the backdrop to discussions of society and life in general. In his major work A Secular Age (Harvard University Press, 2007), Charles Taylor—a practising Catholic, incidentally—defined secular society as one in which belief in God is

not taken for granted, but is one option among many. In other words, a secular society may still have lots of religious people and practices, but the starting point is nevertheless completely different than in a society where religious ideas are taken for granted and unchallenged. Once religion is made a matter of choice, it is probably impossible to return to a pre-secular society.

12. In *A Significant Life: Human Meaning in a Silent Universe* (University of Chicago Press, 2015), Todd May argues that God is per se a guarantor of meaningfulness.

13. Cited here from Darrin McMahon's *Happiness: A History* (Atlantic Monthly Press, 2006), p. 454.

14. Tania Zittoun accounted for the psychological and developmental importance of symbolic resources in her book *Transitions: Symbolic Resources in Development* (Information Age, 2006).

15. *Philosophy as a Way of Life*, p. 267.

第一章 善

1. The article is on pages 42–44 and was written by Risto Pakarinen. You can find it at this link: https://scandinaviantraveler.com/sites/default/files/st1509.pdf.

2. 2 See http://classics.mit.edu/ Aristotle/ nicomachaen.1.i.html. 'Some ends are subordinate to other ends, because the latter provide the motive for pursuing the former (e.g., the activity of bridle-making is subordinate to the more important activity of horsemanship, which is in turn subordinate to the activity of military science). The major ends for the sake of which minor ends are pursued are superior and ought to be preferred.'

3. This is also one of the main themes in Hadot's *Philosophy as a Way of Life*.

4. When forty-five minutes of exercise per day was introduced into the Danish school curriculum, one of the justifications was that it would improve

children's mathematical and language skills.

5. As conceptualised under the heading 'the competition state'.

第二章 尊严

1. Karl Ove Knausgaard, *A Death in the Family*, translated by Don Bartlett (Harvill Secker, 2013), p. 3. This is followed by one of Knausgård's characteristic meditations, on the heart, blood and the body, which establishes the main theme of the book: death.

2. First published in German in 1785. *Fundamental Principles of the Metaphysics of Morals (Second Section)*, https://ebooks.adelaide.edu.au/k/kant/immanuel/k16prm/chapter2.html.

3. Ibid.

第三章 承诺

1. Friedrich Nietzsche, *On the Genealogy of Morality* (Cambridge University Press, 1994), p. 35. The following section is based on 'Guilt – the feeling of morality', which I wrote for the anthology *Hverdagslivets følelser* (Everyday Emotions), edited by Michael Hviid Jacobsen and Inger Glavind Bo (Hans Reitzels Forlag, 2015).

2. This is one of the main themes in Sabina Lovibond's important moral philosophy book *Ethical Formation* (Harvard University Press, 2002).

3. *Manden der ville være skyldig*. English translation by David Gress-Wright (Marion Boyars, 1982).

4. In her book *Giving an Account of Oneself* (Fordham University Press, 2005).

5. Ibid., p. 85.

6. See Anders Fogh Jensen, *The Project Society* (Aarhus University Press, 2012).

第四章 自我

1. Søren Kierkegaard, *The Sickness Unto Death* (1849), http://www.religion-online.org/showchapter.asp?title=2067&C=1863.

2. See, for example, the classic work by Vygotsky, *Mind in Society: The Development of Higher Psychological Processes* (Harvard University Press, 1978).

3. For example, Christian Hjortkjær of the Søren Kierkegaard Research Centre at the University of Copenhagen.

4. Most notably in his book *Sources of the Self* (Harvard University Press, 1989).

5. Examples abound, including: http://www.ftf.dk/ledelse/artikel/lederen-er-det-vigtigste-ledelsesvaerktoej; and http://www.lederweb.dk/dig-selv/lederrollen/article/79967/oneof-your-main-ledelsesvarktojer-is-yourself.

第五章 真

1. Hans-Jørgen Schanz, *Handling og ondskab – en bog om Hannah Arendt* (Aarhus Universitetsforlag, 2007), p. 39.

2. Hanna Arendt, *The Human Condition* (Chicago University Press, 1998), p. 279.

3. Quoted in Hadot, *Philosophy as a Way of Life*, p. 212.

4. Henrik Høgh-Olesen, in the Danish newspaper *Politiken*, available online (in Danish) here: http://politiken.dk/indland/art4844460/De-fleste-lyver-heldigvis-hver-eneste-dag.

5. Let me make it clear that I basically consider myself a Darwinian. Darwin was a fantastic natural scientist, whose observations and theories have proven

to be correct. But this is an entirely different conclusion to the one drawn by some modern evolutionary psychologists, i.e. that the Darwinian perspective is not only *necessary* but also *sufficient* to understand human existence. And that, I think, is wrong. To proclaim that our convictions are solely based on their utility value removes everything normative from life. Another problem with this kind of reductionist Darwinism is that belief in the theory itself ends up depending on whether adhering to it has survival value, which means the theory runs the risk of being self-refuting. This argument has been made by, *inter alia*, Thomas Nagel, in his book *The Last Word* (Oxford University Press, 1997).

第六章　责任

1. On the origins of the book see, e.g., Kees van Kooten Niekerk's 'Road to *The Ethical Demand*', in D. Bugge and P.A. Sørensen (eds), *Livtag med den etiske fordring* (Klim, 2007), which also contains a wealth of interesting interpretations of Løgstrup's main ethical work.

2. K.E. Løgstrup, *Den etiske fordring* (The Ethical Demand) (1956; Gyldendal, 1991), p. 27. Translations are from the 1991 Danish edition. An English edition, edited by Hans Fink, was published by Notre Dame Press in 1997.

3. *Den etiske fordring*, p. 25.

4. Ibid., p. 37.

5. Ibid., p. 39.

6. Countless scientific sources could be quoted here, among them Christopher Peterson and Martin Seligman's *Character Strengths and Virtues: A Handbook and Classification* (Oxford University Press, 2004).

7. *Den etiske fordring*, p. 271.

8. Ibid., p. 33.

9. Richard Sennett, *The Craftsman* (Yale University Press, 2008).

第七章 爱

1. 'The Idea of Perfection' (1962), included in Iris Murdoch's *Existentialists and Mystics*, edited by Peter Conradi (Penguin, 1997).

2. 'The Sovereignty of Good Over Other Concepts' (1967), in *Existentialists and Mystics*.

3. 'The Sublime and the Good' (1959), in *Existentialists and Mystics*, p. 215.

4. 'The Sovereignty of Good Over Other Concepts', p. 373.

5. Jens Mammen, *Den menneskelige sans* (The Human Sense) (Dansk psykologisk forlag, 1996).

6. 'The Sublime and the Good', p. 215.

7. Carl Rogers, *Becoming Partners: Marriage and Its Alternatives* (Dell, 1970), p. 10. Rogers is an extremely important figure in psychology, whose significance is perhaps comparable to Freud. Though not as famous as the latter, Rogers' development of 'person-centred therapy', based on unconditional acceptance and recognition, is the direct precursor of many modern relational practices, such as coaching and appreciative inquiry.

第八章 宽恕

1. Founded by the linguist Ferdinand de Saussure (1857–1913), structuralism went on to become an immensely influential perspective in twentieth-century philosophy, comparative literature and social science.

2. See, e.g. Critchley's *Book of Dead Philosophers* (Granta Books, 2009).

3. The interview is from 2013 and is available here (in Danish): http://politiken.dk/kultur/filmogtv/art5481507/Nils-Malmros-%C2%BBHer-og-nu-var-der-ikke-andeti-verden-end-at-redde-Mariannes-liv%C2%AB.

4. See http://www.kristeligt-dagblad.dk/kultur/hvor-der-ikke-er-skyld-er-der-heller-ikke-brug-tilgivelse.

5. Jacques Derrida, *On Cosmopolitanism and Forgiveness* (Routledge, 2001), p. 32.

6. See https://jackkornfield.com/the-beginners-guide-to-forgiveness.

7. *Ud & Se*, no. 11 (2015), p. 32.

8. *Den etiske fordring*, p. 141.

第九章　自由

1. He made the remark in *Human Nature and Conduct* (The Modern Library, second edition, 1930), p. 303.

2. The quotes are from Jørn Boisen's excellent chapter on 'Camus og eksistentialismen' (Camus and Existentialism), in P.H. Amdisen, J. Holst and J.V Nielsen (eds), *Studier i eksistenstænkningens historie og betydning* (Studies of the History and Meaning of Ideas about Existence) (Aarhus University Press, 2009), p. 71.

3. Albert Camus, *Resistance, Rebellion and Death* (The Modern Library, 1963).

4. Ibid., p. 70.

5. 'Two Concepts of Liberty' can be found in Berlin's *Four Essays on Liberty* (Oxford University Press, 1969).

6. Ibid., p. 157.

7. *Resistance, Rebellion and Death*, p. 66.

第十章 死亡

1. See, e.g., David Couzens Hoy's short essay 'Death', in A *Companion to Phenomenology and Existentialism*, edited by Hubert Dreyfus and Mark Wrathall (WileyBlackwell, 2009).

2. Hans Jonas, 'The Burden and Blessing of Mortality', *Hastings Center Report*, 22 (1992), pp. 34–40.

3. I argue this in the article 'Questioning Constructionism: Toward an Ethics of Finitude', *Journal of Humanistic Psychology*, 46:1 (2006), pp. 92–111.

4. 'The Sovereignty of Good Over Other Concepts', in *Existentialists and Mystics*, p. 381.

5. See, for example, Cicero, 'Against Fear of Death', in *On Living and Dying Well* (Penguin Classics, 2012).

6. Plato, *Phaedo*, 64a (Taylor's translation).

7. Plato, *Phaedo*, 67e (Grube's translation).

8. Todd May, *Death* (Acumen, 2009), p. 76.

9. Available in English online: http://publicdomainreview.org/collections/that-to-study-philosophy-is-to-learn-todie-1580.

10. *Book of Dead Philosophers*, p. xii.

11. Critchley's *Book of Dead Philosophers* is one such catalogue, detailing the deaths of almost 200 philosophers, providing insight into their thoughts and reflecting on death as part of our cultural history.

12. Quoted in Hadot, *Philosophy as a Way of Life*, p. 246.

13. See http://www.sofiamanning.com/index.php?pageid=01.

14. *New York Times*, 9 January 2016, http://www.nytimes.com/2016/01/10/opinion/sunday/to-be-happier-start-thinking-more-about-your-death.html.

15. From the collection *Dagen of natten* (The Day and the Night) (1948).

结语

1. Theodor Adorno and Max Horkheimer, *Dialectic of Enlightenment* (Verso, 1997).

2. Particularly in his book *Modernity and the Holocaust* (Cornell University Press, 1989).

3. *Dialectic of Enlightenment*, p. 30.

4. Various thinkers have drawn up other lists of elementary human values, e.g. Martha Nussbaum's list of basic human capacities (life; bodily health; bodily integrity; sensing, imagination, thought; emotions; practical reason; affiliation; other species; play; and control over one's environment). The conservative philosopher John Finnis lists seven 'basic human goods'—life, knowledge, play, aesthetic experience, friendship, practical reason and religion—based on what he considers to be natural law. As I do in this book, both Nussbaum and Finnis argue that the elements in their lists have intrinsic value and should be protected from instrumentalism and utilitarian relativisation. See, for example, Nussbaum's *Women and Human Development: The Capabilities Approach* (Cambridge University Press, 2000) and Finnis' *Natural Law and Natural Rights* (Oxford University Press, 1980).

5. The first distinction, between feeling good and doing good, is inspired by the Danish philosopher Jørgen Husted, who was my lecturer in the mid-1990s. See, for example, his *Wilhelms brev: Det etiske ifølge Kierkegaard* (William's Letter: The Ethical According to Kierkegaard) (Gyldendal, 1999).

6. Robert Nozick, *Anarchy, State, and Utopia* (Basic Books, 1974).